全国水利行业"十三五"规划教材（职业技术教育）

高等职业教育水利类新形态一体化教材

工程水文与水资源

主　编　赵颖辉

副主编　马继侠　黄志珍　赵德远

主　审　高永胜

U0294473

中国水利水电出版社
www.waterpub.com.cn

·北京·

内 容 提 要

本书是全国水利行业"十三五"规划教材,可作为高职水利工程、水利水电建筑工程、水利水电工程智能管理、智能水务管理、水文与水资源技术、水政水资源管理、水土保持技术、水生态修复技术等专业的教材。全书共分为十章,包括绪论、水文循环与径流形成、水文观测与资料分析、水文统计、径流分析计算、由流量资料推求设计洪水、由暴雨资料推求设计洪水、水资源的开发利用、水资源保护以及节约用水等内容。

本书也可供其他相关专业的师生和工程技术人员使用、参考。

图书在版编目(CIP)数据

工程水文与水资源 / 赵颖辉主编. -- 北京 : 中国
水利水电出版社,2021.7
全国水利行业"十三五"规划教材. 职业技术教育
高等职业教育水利类新形态一体化教材
ISBN 978-7-5170-9671-9

Ⅰ. ①工… Ⅱ. ①赵… Ⅲ. ①工程水文学-高等职业
教育-教材②水资源管理-高等职业教育-教材 Ⅳ.
①TV12②TV213.4

中国版本图书馆CIP数据核字(2021)第122729号

书　　名	全国水利行业"十三五"规划教材(职业技术教育) 高等职业教育水利类新形态一体化教材 **工程水文与水资源** GONGCHENG SHUIWEN YU SHUIZIYUAN
作　　者	主　编　赵颖辉 副主编　马继侠　黄志珍　赵德远 主　审　高永胜
出版发行	中国水利水电出版社 (北京市海淀区玉渊潭南路1号D座　100038) 网址:www.waterpub.com.cn E-mail:sales@waterpub.com.cn 电话:(010)68367658(营销中心)
经　　售	北京科水图书销售中心(零售) 电话:(010)88383994、63202643、68545874 全国各地新华书店和相关出版物销售网点
排　　版	中国水利水电出版社微机排版中心
印　　刷	清淞永业(天津)印刷有限公司
规　　格	184mm×260mm　16开本　12.5印张　304千字
版　　次	2021年7月第1版　2021年7月第1次印刷
印　　数	0001—3000册
定　　价	**48.00元**

前言

　　本书是贯彻落实《国家职业教育改革实施方案》（国发〔2019〕4号）、《中国教育现代化2035》、《加快推进教育现代化实施方案（2018—2022年）》和《关于实施中国特色高水平高职学校和专业建设计划的意见》（教职成〔2019〕5号）等文件精神，在中国水利教育协会精心组织和指导下，由中国水利教育协会职业技术教育分会组织编写的全国水利行业"十三五"规划教材。教材以学生能力培养为主线，各章节重点内容配套有视频讲解，体现了实用性和创新性，是一套水利高职教育精品规划教材。

　　水资源不足、用水紧张已成了制约地区经济发展、影响人民生活的重大社会问题。同时各地区大量的水利工程也从根本上改变了水的自然循环路径，而工业废水与生活污水的排放更造成了水质的污染，从而形成严峻的环境问题。为了适应从工程水利向资源水利的转变，高职高专学生不仅要能为工程提供设计水文条件，也需要对水资源的开发、利用、保护、节约有深刻的认识和理解，只有这样才能适应将来现代水利、可持续发展水利对人才的需求。

　　本书为全国水利行业"十三五"规划教材，是全国水利骨干专业、浙江省高职高专院校优势特色专业建设成果之一，在校本教材多年试用的基础上不断修改完善而成。教材紧紧围绕水利工程建设与管理一绕岗位工作所需的能力和素养需求选择内容，侧重对水文基本理论、水文观测、水文分析计算、水资源管理基本知识等实用专业知识和技能的介绍。纸质教材及其配套的电子资源深度融合，支持线上线下混合式教学，学生可通过视频、课件进行移动学习，在每章后面附有相应的习题，用于复习巩固。

　　本书由具有丰富实际工程经验的企业技术专家和相关高职院校具有多年教学经验的骨干教师参加编审工作。编写人员及编写分工如下：第一、二、六章由浙江同济科技职业学院赵颖辉、马继侠、曹欣荣、陈伯荣编写，第三章由浙江省水文管理中心黄志珍、吕耀光编写，第四章由安徽水利水电职业技术学院赵吴静、浙江同济科技职业学院王颖编写，第五章由山东水利职业学院赵德远、浙江同济科技职业学院朱友聪编写，第七章由浙江同济科技职业学院马继侠编写，第八章由浙江省慈溪市水利局应利根、浙江省水利河口研究院王新编写，第九章由江苏省秦淮河水利工程管理处马剑波编写，第十章由重庆水利电力职业技术学院徐义萍编写。配套的电子资源第一～第七章由赵颖辉制作，第八～第十章由赵颖辉、马继侠、朱友聪制作。本书由赵颖辉担任主编，并负责全书统稿；由马继侠、黄志珍、赵德远担任副主编；由浙江同济科技职业学院高永胜、浙江省水文管理中心"省级技能大师"胡永成审稿。特别感谢浙江同济科技职业学院陈伯荣老师为本书初稿所付出的辛勤努力。

　　本书在编写过程中参考的文献已列于书后，在此向文献作者表示诚挚的感谢！

　　由于编者水平有限，书中错误和不当之处在所难免，恳请读者批评指正。

编者

2021 年 3 月

"行水云课"数字教材使用说明

"行水云课"水利职业教育服务平台是中国水利水电出版社立足水电、整合行业优质资源全力打造的"内容"＋"平台"的一体化数字教学产品。平台包含高等教育、职业教育、职工教育、专题培训、行水讲堂五大版块，旨在提供一套与传统教学紧密衔接、可扩展、智能化的学习教育解决方案。

本套教材是整合传统纸质教材内容和富媒体数字资源的新型教材，将大量图片、音频、视频、3D 动画等教学素材与纸质教材内容相结合，用以辅助教学。读者可通过扫描纸质教材二维码查看与纸质内容相对应的知识点多媒体资源，完整数字教材及其配套数字资源可通过移动终端 APP、"行水云课"微信公众号或中国水利水电出版社"行水云课"平台查看。

扫描下列二维码可获取本书课件。

课件二维码

多媒体知识点索引

目录

第一章 绪 论

本章学习的内容和意义：本章内容主要有：工程水文学的任务与方法，水资源的含义、分类与特点，我国的水资源概况。学习本章的目的，主要使读者了解什么是工程水文学，它在国民经济建设，尤其在水利水电建设中有哪些重要作用，对水资源有初步的认识。

第一节 工程水文学的任务与方法

一、工程水文学的任务

水文学是一门专门研究关于地球上水体的起源、存在、分布、循环、运动等变化规律，以及运用这些规律为人类服务的学科。它通过模拟和预报自然界中水量和水质的变化及发展动态，为开发水资源、控制洪水和保护水环境等方面的水利建设提供科学依据。根据研究水体的不同，水文学可分为水文气象学、陆地水文学、海洋水文学和地下水文学。但是，与人类关系最为密切的是陆地水文学，它又可分为河流水文学、湖泊水文学、沼泽水文学、冰川水文学等。本书主要讲述河流水文学的内容。

工程水文学是结合工程建设的需要，逐渐形成和发展的一门应用技术，即应用水文知识于工程建设的一门学科。它不受研究对象的限制，但主要是研究陆地上的水体，尤其是河流，也包括海洋和大气。它研究所有与工程（如水利水电工程）的规划、设计、施工和运行有关的水文问题。工程水文学的应用范围很广，除为水利、水电建设服务外，还为农业灌溉、城乡建设、航运、铁路、公路交通等部门的工程建设服务。

工程建设在实施过程中可以划分为规划设计、施工及管理运用三个阶段，每一阶段都需要提供关于未来水文情势的报告。但由于各阶段的任务不同，对于水文情势报告的要求有着不同的内容和特点。

1. 规划设计阶段

水文分析的主要任务是合理地确定工程规模。假如规模定得过大，将会造成投资上的浪费；如果定得过低，又会使水资源不能得到充分的利用。对于防洪措施，还可能造成工程失事，甚至对人民的生命财产酿成巨大的损失。由于水利工程的使用为几十年甚至百年以上，因此在规划设计时，必须知道工程所控制的水体在未来整个使用期间可能出现的水文情势。工程水文学正是为解决这一类问题而服务的学科。

2. 施工阶段

为了将规划设计好的建筑物建成，将各项非工程措施付诸实施。必须对施工和实施期间的水文情势有所了解。为了预估整个施工期间可能出现的来水情势，也需要通过工程水文学的途径来解决。

3. 管理运用阶段

管理运用期的主要任务在于发挥已建成水利工程的作用。为此就需要知道未来一定时期内的来水情况，以便确定最经济合理的调度运用方案。这一阶段需要通过工程水文学计算来获得未来长期可能出现的平均水文情势。

随着工程水利向资源水利，传统水利向现代水利及可持续发展水利的转变，非工程措施在水资源开发利用、洪涝干旱治理中的地位愈加重要。例如，一个区域（或流域）的洪水预报预警系统和防洪抗旱管理信息系统，都离不开水文分析的基础性工作。

综上所述，工程水文学的任务主要是为水资源开发利用的工程措施和非工程措施提供水文情势和近期的确切水情，进而为确定工程的开发方式、规模和效益，以及拟定合理运用方式等服务。

二、水文现象的基本规律

地球上的降水与蒸发、水位与流量、热带气旋、含沙量等水文要素在气候、环境、人类经济活动等因素的影响下，其变化是很复杂的，这些变化的现象称为水文现象。水文现象具有以下基本规律。

1. 确定性

在水文学中，通常按数学的习惯称必然性为确定性，称偶然性为随机性。当一条河流的流域面积上遭遇一次暴雨，这条河流必然会涨水，发生一次洪水过程。其洪水大小随降雨强度、降雨历时、降雨面积变化，即暴雨与洪水之间存在因果关系，而且这种关系是确定的。此外，水位与降雨、蒸发与气温等，它们之间也存在确定的因果关系。这也说明，水文现象都有其客观发生的原因和具体形成的条件，它服从确定性规律。

2. 随机性

水文现象都是随机事件，无论什么时候都不会完全重复出现。如河流每年汛期都会遭遇几次洪水，洪水出现的次数和出现的时间每年是不固定的，各次洪水的洪水总量、洪水历时、洪峰流量也各不相同。这主要是因为影响水文现象的因素甚为复杂，各种因素在不同年份的组合不同，即水文现象具有随机性。

3. 地区性

由于气候因素和地理因素具有地区性变化的特点，因此受其影响的河流水文现象在一定程度上也具有地区性特点。例如我国南方湿润多雨，而北方干旱少雨，因此集雨面积相似的河流，南方的年径流量比北方的要大。

三、水文计算的基本途径与方法

根据水文现象的基本规律，水文计算的途径与方法有以下几种。

1. 成因分析法

由于水文现象与其影响因素之间存在着比较确定的因果关系，因此可对实测资料或试验资料进行整理分析，我们有可能建立水文现象与其影响因素之间的数学物理方程。这种解决问题的方法在工程水文学中称为成因分析法。

2. 数理统计法

根据水文现象的随机性规律，运用数理统计方法，分析水文要素变量系列的统计规律，并进行概率预估，从而得出水利工程建设项目在规划、设计、施工、运行管理所需要的水文要素特征值，这种研究方法称为数理统计法。但是概率预估只能预估某事件出现的概率即可能性，而无法预报该事件实际出现的时刻。

3. 地区综合法

根据水文现象的地区性规律，在气候因素和地理因素相似的地区，其水文要素分布必然具有相似性特点。地区综合法就是根据本地区已有的水文资料进行分析计算，找出地区分布规律，用等值线图或地区经验公式等形式表示，此法多用于缺乏实测资料的工程进行水文分析计算。

除此之外，还经常用到水文系统分析，水文模拟等方法。需要指出的是，在实际运用中应结合工程特点、重要性以及流域水文资料等情况，遵循"多种方法、综合分析、合理选用"的原则，以便为水资源开发利用的工程措施和非工程措施提供水文情势和近期的确切水情。

第二节　水资源的含义、分类及特点

水是生命之源、生产之要、生态之基，是人类生存和社会生产的重要物质资源。没有水就没有生命，就没有人类社会，更没有社会经济的繁荣。人们千方百计地在外星上探求水的踪迹，目的就是寻找生命存在的条件。

1-2 ▶

水资源

一、水资源的含义

水资源是人类赖以生存、社会经济得以发展的重要物质资源。广义的水资源，指自然界所有的以气态、固态和液态等各种形式存在的天然水。自然界中的天然水体包括海洋、河流、湖泊、沼泽、土壤水、地下水以及冰川水、大气水等。这些水形成了包围着地球的水圈。在太阳能辐射的作用下，地球大气圈中的气态水、地球表面的地表水以及岩土中的地下水之间不断地以降水、蒸发、下渗、径流形式运动和转化，以至形成了自然界的水循环过程。

水作为资源，具有经济价值和使用价值，同时，满足社会需水包括"质"和"量"两个方面的要求。因此，水资源是指地球上目前和近期可供人类直接或间接取用的水。目前所讲的水资源多半是一种狭义的概念，是指水循环周期内可以恢复再生的、能为一般生态和人类直接利用的动态淡水资源。这部分资源是由大气降水补给，由江河湖泊、地表径流和逐年可恢复的浅层地下水所组成，并受水循环过程所支配。

随着科学技术的不断发展，水的可利用部分不断增加。例如南极的冰块、深层地下水、高山上的冰川积雪、污水以及海水等逐渐被开发利用。可将暂时难以利用的水体作为后备（或称储备）水资源。

对一个特定区域，大气降水是地表水、土壤水和地下水的总补给来源，因此，大气降水反映了特定区域总水资源条件的好坏。降水除去植物截留等部分形成地表径流、壤中流和地下径流并构成河川径流，通过水平方向的流动排泄到区外；另一部分以蒸散发的形式通过垂直方向回归大气。地表水资源就是地表水体的动态淡水量，即地表径流量，包括河流水、湖泊水、渠道水、冰川水和沼泽水。依靠降水补给、埋藏于饱和带中的浅层动态淡水水量称为地下水资源。

二、水资源的分类

为了适应各用水部门以及社会经济各方面的需要，常常将水资源进行分类。

1. 按水资源用途划分

(1) 生活用水。人类日常生活及其相关活动用水的总称。生活用水分为城市生活用水和农村生活用水。现行的城市生活用水包括居民住宅用水、市政公共用水、环境卫生用水和建筑用水；农村生活用水包括人畜用水。生活用水量标准按人计，单位为 $L/(人·d)$。生活用水涉及千家万户，与人民的生活关系最为密切。《中华人民共和国水法》规定，"开发利用水资源，应当首先满足城乡居民生活用水"。因此，要把保障人民生活用水放在优先位置，统筹规划，早作安排，保障生活用水的供给。

(2) 农业用水。农业用水是指农、林、牧、副、渔等部门和乡镇、农场企事业单位以及农村居民生产与生活用水的总称。由于农业用水绝大部分是农田灌溉用水，因此节约农业用水，特别是节约农田灌溉用水，对于水资源相对贫乏的中国来说，有着重要意义。

(3) 工业用水。工矿企业在生产过程中用于制造、加工、冷却、空调、净化、洗涤等方面的用水。工业用水集中，供水保证率高。工业生产又排放较多的工业废水，是水体的主要污染源。一个城市工业用水不仅与工业发展的进程有关，而且还与工业的结构、生产水平、用水管理和供水条件有关。因此，工业用水问题已引起各国的普遍重视。

(4) 生态环境用水。自然界依附于水而生存和发展的所有动植物和环境用水的总称。水既是人类生存和发展的重要物质基础，也是动植物生长的基本要素，同时又是环境的重要组成部分。随着近代社会经济用水的不断增长，天然生态系统和环境的用水被掠夺，诱发诸如海水入侵、地面沉降、天然植被退化、土地沙化、河道断流、水生态灾难等严重的生态环境问题。生态环境用水就是在这种背景下提出来的，目的是节制人类对水资源的过度开发和不合理利用，保护生态环境，实现可持续发展。

(5) 人居环境用水。人类对生存环境的要求在不断提高，美好的环境需要一定水量的保证，包括绿化用水、河湖用水、娱乐用水等。随着人类生活水平和对环境质量要求的提高，景观环境用水将越来越重要。

2. 按水资源利用方式划分

(1) 河道内用水。河道内用水是指为维护生态环境和从事水能、水域利用的生产活动，要求河流、湖泊、水库保持一定的流量和水位所需的水量。其特点是：利用河水的势能、动能、浮力和生态功能，一般不消耗水量或较少污染水质，属于非耗损性用水；同一河流的各项河道内需水可以"一水多用"，在满足一项主要用水要求的同时，还可兼顾其他用水要求。按照利用目的和效益的不同，可将河道内用水归纳为两类：①生产性用水，包括水电、水运、淡水养殖、水上娱乐等方面的用水，能获得直接经济效益；②生态环境用水，包括冲沙、洗盐、防凌、净化水质、维持野生动植物生存栖息和自然景观等方面的用水，具有重大的社会、环境效益。

（2）河道外用水。河道外用水是指采用蓄、引、提和水井等工程措施，从河流、湖泊、水库和地下含水层引水至城市和乡村，满足经济社会发展和生态环境建设所需的水量。在输水用水过程中，大部分水量被消耗掉而不能返回原水体中，还排出一部分废污水，导致河湖水量减少、地下水水位下降和水质恶化，所以又称耗损性用水。

三、水资源的特点

水资源本身具有水文和气象本质，既有一定的因果性、周期性，又带有一定的随机性。同时，水资源具有二重性，既能给人类带来灾难，又可为人类所利用。具体特点如下。

1. 循环性

水资源与其他固体资源的本质区别在于其所具有的流动性，它是在循环中形成的一种动态资源。水资源在开采利用以后，能够得到大气降水的补给，处在不断地开采、补给和消耗、恢复的循环之中，如果合理利用，可以不断地供给人类利用和满足生态平衡的需要。

2. 有限性

在一定时间、空间范围内，大气降水对水资源的补给量是有限的，这就决定了区域水资源的有限性。从水量动态平衡的观点来看，某一期间的水量消耗量应接近于该期间的水量补给量，否则破坏水平衡，造成一系列不良的环境问题。可见，水循环过程是无限的，水资源量是有限的，并非取之不尽、用之不竭。

3. 分布的不均匀性

水资源时间分配的不均匀性，主要表现在水资源年际、年内变化幅度大。在年际之间，丰水年、枯水年水资源量相差悬殊。水资源的年内变化也很不均匀，汛期水量集中，有多余水量；枯水期水量锐减，又满足不了需水要求。

水资源空间变化的不均匀性，表现为水资源地区分布的不均匀性。这是由于水资源的主要补给源——大气降水和融雪水的地带性而引起的。例如，我国水资源总的来说，东南多，西北少；沿海多，内陆少；山区多，平原少。

4. 因果性和随机性

水资源主要来源于大气降水和融雪水，所以说水资源的循环运移是有因果关系的。由于大气降水和融雪水在时空上存在着随机性，有着因果关系的水资源在循环运移过程中也具有随机性。

5. 用途的广泛性

水资源是被人类在生产和生活中广泛利用的资源，不仅广泛应用于农业、工业和生活，还用于发电、水运、水产、旅游和环境改造等。

6. 不可替代性

水是一切生命的命脉。例如，成人体内含水量占体重的 66%，哺乳动物含水量为 60%～68%，植物含水量为 75%～90%。由此可见，水资源在维持人类生存和生态环境方面是任何其他资源不可替代的。

7. 利害的两重性

水量过多容易造成洪水泛滥，内涝渍水；水量过少容易形成干旱等自然灾害。正是水资源的这种双重性质，在水资源的开发利用过程中尤其应强调合理利用、有序开发，以达到兴利除害的目的。

8. 水量的相互转化特性

水量转化包括液态、固态水的汽化，水汽凝结降水的反复的过程；地表水、土壤水、地下水的相互转化；各种自成体系但边界为非封闭的水体在重力、分子力的作用下发生渗流、越流，使水体之间相互转化。

为了人类的生存和可持续发展，联合国第47届大会作出了确立"世界水日"的决议，决定从1993年开始，每年的3月22日为"世界水日"。

第三节 我国的水资源

一、水资源概况

我国位于欧亚大陆东南部，大部分属于北温带季风区，多年平均降水量648mm，低于全球陆地平均年降水量800mm。据统计，全国多年平均年水资源总量为2.8万亿 m^3 左右，总量上仅次于巴西、俄罗斯、加拿大、美国和印度尼西亚，居世界第6位。

我国东部沿海地区和华南地区，夏季时季风活动频繁，降水量多，而冬季降水量少；西北部受高山高原阻挡，季风一般不能到达，是干旱和半干旱区。在我国，年降水的地区分布是由东南向西北递减。东部沿海和华南地区年降水量一般都在1200mm以上，长江以北至黄河以南地区年降水量为800～1000mm，黄河以北地区年降水量一般小于800mm，内蒙古、新疆、甘肃、宁夏等地区年降水量小于200mm。

受西太平洋副热带高压脊线影响，全国各地雨季由南到北变化。华南地区雨季始于每年4月，长江中下游雨季始于6月，淮河以北地区则始于7月。到8月下旬以后，雨季又逐渐返回到南方，雨季自北向南先后结束。我国东部和华南地区在每年夏、秋季节常受发生于西太平洋的热带气旋侵袭，引发暴雨洪灾。随着全球气候变暖，强对流极端天气事件在全国范围内频繁发生，往往引发区域性洪水灾害。

我国的河流主要分布于东部，流域面积大于 $1000km^2$ 以上的江河有1500多条。七大江河是长江、黄河、淮河、珠江、海河、辽河和松花江。其中长江干流长6300km，流域面积180万 km^2，年径流量9755亿 m^3。我国的湖泊数量很多，但在地区分布上很不均匀。总的来说，东部季风区，特别是长江中下游地区，分布着中国最大的淡水湖群；西部以青藏高原湖泊较为集中，多为内陆咸水湖。水面面积在 $1000km^2$ 以上的大湖有12个，全国湖泊总水面面积7.2万 km^2，总储水量7088亿 m^3。

二、水资源的特点

水资源既是基础性自然资源，又是战略性经济资源，水资源的可持续利用直接制约着国民经济的可持续发展，也直接影响着民生大计。

当前，我国水资源所面临的主要问题是干旱缺水、洪涝灾害和水环境恶化，具体表现在以下几个方面。

1. 人均、亩均水资源占有量少

我国的水资源总量虽然丰富，居世界第 6 位，但由于我国人口众多，2016 年人均占有水资源量为 2348m³，约为世界人均水平的 1/4。同样，我国耕地亩均占有水资源量仅为 1400m³，约为世界亩均水量的 50% 左右。随着国民经济的高速发展和城市化进程快速进行，水资源供需矛盾将日益突出。

2. 水资源地区分配不均匀

我国南方水多地少，北方水少地多，是我国水资源开发利用中的一个突出问题。2016 年全国水资源总量为 32466.4 亿 m³，其中：北方 6 区（松花江、辽河、海河、黄河、淮河、西北诸河）平均降水量 371.1mm，水资源总量 5592.7 亿 m³，占全国总量的 17.2%；南方 4 区〔长江（含太湖）、东南诸河、珠江、西南诸河〕平均降水量 1353.6mm，水资源总量为 26873.7 亿 m³，占全国总量的 82.8%。

3. 水资源年内、年际分配不均匀

我国降水多集中在 5—9 月，夏秋季节，东部地区降水多，河流水量大增，形成汛期；冬春季节，降水少，水量小，形成枯水期。由于降水量在年内、年际分配不均匀，致使水旱灾害在我国频繁发生。

4. 水资源利用率低

在我国，一方面是水资源严重短缺，另一方面水资源利用率低，浪费现象普遍存在。由于灌水技术原始落后、灌溉设施年久失修、设计标准低、管理不善等原因，农业灌溉用水利用率低下。2016 年耕地实际灌溉亩均用水量 380m³，农田灌溉水有效利用系数 0.542，而美国、以色列等国家由于大量采用节水灌溉技术，灌溉水有效利用系数达到 0.8 以上。

5. 水污染严重

水污染严重，水生态环境恶化，已成为我国严重的社会问题。2016 年，全国废污水排放总量 765 亿 t。全国 23.5 万 km 河流的水质监测显示，Ⅰ～Ⅲ类水河长占 76.9%，劣Ⅴ类水河长占 9.8%，主要污染项目是氨氮、总磷、化学需氧量。对 118 个湖泊共 3.1 万 km² 的水面进行了水质评价，全年总体水质为Ⅰ～Ⅲ类的湖泊有 28 个，Ⅳ～Ⅴ类湖泊 69 个，劣Ⅴ类湖泊 21 个，主要污染项目是总磷、化学需氧量和氨氮。由于水污染日益严重，加剧了水资源供需矛盾，危及水资源的可持续利用。

6. 水土流失严重

根据第一次全国水利普查成果，中国现有土壤侵蚀总面积 294.9 万 km²，占普查范围总面积的 31.1%。其中水力侵蚀 129.3 万 km²，风力侵蚀面积 165.6 万 km²。据观测，黄土高原年均流失 16 亿 t 泥沙，致使黄河河床每年抬高 8～10cm，形成著名的"地上悬河"。此外，风力侵蚀会导致沙尘暴的产生，水力侵蚀会加剧河流水质的恶化。

三、水利事业

水利是现代农业建设不可或缺的首要条件，是经济社会发展不可替代的基础支撑，是生态环境改善不可分割的保障系统，具有很强的公益性、基础性、战略性。加快水利改革发展，不仅事关农业农村发展，而且事关经济社会发展全局；不仅关系到防洪安全、供水安全、粮食安全，而且关系到经济安全、生态安全、国家安全。我国水利事业坚持科学发展观，积极践行可持续发展治水思路，积极推进传统水利向现代水利、可持续发展水利转变，其重要标志是从水资源开发利用为主向开发保护并重转变，从控制洪水向洪水管理转变，从供水管理向需水管理转变。

水利工程是国民经济和社会发展的重要基础设施，也是加快经济方式转变的重要支撑和保障。党和政府十分重视水利事业，我国的水利建设取得了举世瞩目的成就。然而随着我国城乡一体化进程加速推进，经济社会发展与水资源和水环境承载能力不足的矛盾日益突出，水利基础设施建设滞后的问题更加明显，具体表现在以下几方面：

（1）水利基础设施已成为国民经济重要基础设施中的薄弱环节。

（2）水利抗御自然灾害的能力比较低，与经济社会发展的需要相比还有很大差距。

（3）经济社会发展对水资源的需求越来越大，对水利设施的要求越来越高。

我国人多水少、水资源时空分布不均、生产力布局和水土资源不相匹配的基本水情将长期存在，干旱缺水、洪涝灾害、水环境恶化等问题仍然十分突出。水利工作任重而道远。

课 后 扩 展

一、选择题

1. 水文现象的发生 〔 〕。

a. 完全是偶然性的　　　　　　　　b. 完全是必然性的

c. 完全是随机性的　　　　　　　　d. 既有必然性也有随机性

2. 水文预报，是预计某一水文变量在 〔 〕 的大小和时程变化。

a. 任一时期内　　　　　　　　　　b. 预见期内

c. 以前很长的时期内　　　　　　　d. 某一时刻

3. 水资源是一种 〔 〕。

a. 取之不尽、用之不竭的资源　　　b. 可再生资源

c. 非可再生资源　　　　　　　　　d. 无限的资源

4. 水文现象的发生、发展，都具有偶然性，因此，它的发生和变化 〔 〕。

a. 杂乱无章　　　　　　　　　　　b. 具有统计规律

c. 具有完全的确定性规律　　　　　d. 没有任何规律

5. 水文现象的发生、发展，都是有成因的，因此，其变化 〔 〕。

a. 具有完全的确定性规律　　　　　b. 具有完全的统计规律

c. 具有成因规律　　　　　　　　　d. 没有任何规律

二、判断题

1. 工程水文学是水文学的一个分支，是社会生产发展到一定阶段的产物，是直

接为工程建设服务的水文学。〔　〕

2. 自然界中的水位、流量、降雨、蒸发、泥沙、水温、冰情、水质等，都是通常所说的水文现象。〔　〕

3. 水文现象的产生和变化，都有其相应的成因，因此，只能应用成因分析法进行水文计算和水文预报。〔　〕

4. 工程水文学的主要目标，是为工程的规划、设计、施工、管理提供水文设计和水文预报成果，如设计洪水、设计年径流、预见期间的水位、流量等。〔　〕

5. 水文现象的变化，如河道某一断面的水位、流量过程，具有完全肯定的多年变化周期、年变化周期和日变化周期。〔　〕

6. 水文现象的变化，既有确定性又有随机性，因此，水文计算和水文预报中，应根据具体情况，采用成因分析法或数理统计法，或二者相结合的方法进行研究。〔　〕

三、问答题

1. 工程水文学在水利水电工程建设的各个阶段有何作用？

2. 试举出水文学中两个以上关于成因规律的例子。

3. 试举出水文学中两个以上关于统计规律的例子。

4. 长江三峡工程主要由哪些建筑物组成？其规划设计、施工和运行管理中将涉及哪些方面的水文问题？

第二章 水文循环与径流形成

本章学习的内容和意义：本章主要学习工程水文学的基本概念，如降雨、蒸发、下渗、河流、流域、径流；最基本的水文学原理，如水文循环、区域与流域水量平衡、流域径流的形成过程；掌握水文要素的定量计算方法，如降雨过程及流域平均雨量、蒸发量、河流长度、河流坡降、流域面积、径流量、径流深等，为后面学习水文分析计算打下坚实基础。

第一节 自然界的水文循环

2-1
水文循环

一、水文循环的概念

地球上的水以液态、固态和气态的形式分布于海洋、陆地、大气和生物机体中，这些水体构成了地球的水圈，水圈中的各种水体在太阳辐射作用下，不断地蒸发变成水汽进入大气，并随气流输送到各地。输送中，遇到适当的条件，凝结成云，在重力作用下降落到地面形成降水，降落的雨水，一部分被植物截留并蒸发，落到地面的雨水，一部分渗入地下，另一部分形成地面径流沿江河回归大海。渗入地下的水，有的被土壤和植物的根系吸收，然后通过蒸发或散发返回大气；有的渗透到较深的土层形成地下水，并以泉水或地下水流的形式渗入河流回归大海。水圈中的各种水体通过这种不断蒸发、输送、降落、下渗、地面和地下径流的循环往复过程，称为水文循环。水文循环中各种现象如图 2-1 所示。形成水文循环的外因是太阳辐射和重力作用，内因是水的三态转化。

二、水文循环的分类

水文循环可分为大循环和小循环。从海洋表面蒸发的水汽，被气流输送到大陆上空，冷凝成降水后落到陆面。除其中一部分重新蒸发又回到空中外，大部分则从地面和地下汇入河流重返大海，这种海陆间的水分交换过程称为大循环。海洋表面蒸发的水分，在海洋上空凝结直接降落到海洋上，或陆地上的部分水蒸发成水汽冷凝后又降落到陆地上，这种局部的水文循环称为小循环。前者称为海洋小循环，后者称为内陆小循环。内陆小循环对内陆地区降水有着重要作用。因为距离海洋很远，从海洋直接输送到内陆的水汽不多，通过内陆局部地区的水文循环，使水汽逐步向内陆输送，这是内陆地区主要的水汽来源。由于水汽在向内陆输送过程中，沿途会逐渐损耗，故内陆距海洋越远，输送的水汽量越少，降水量越小。

水文循环是最重要、最活跃的物质循环之一，与人类有密切的关系，水文循环使得人类生产和生活不可缺少的水资源具有再生性。在水文循环过程中，水的物理状态、水质、水量等都在不断地变化，水通过蒸发、水汽输送、降水和径流四个环节进

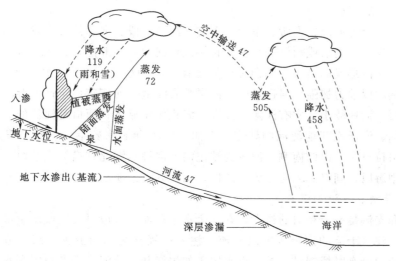

图 2-1 水文循环示意图

行着交换。由于大气环流机制和海陆分布决定了地球上水汽的运行规律，加之不同的地区地质构造、地貌、岩石土壤性质、植物覆盖、沼泽、湖泊等条件不同，水在自然界循环的路径和过程极其复杂且多变。有的地区湿润多雨，水量丰沛，有的则干旱少雨。同一地区，有时大雨滂沱，江河暴涨，有时却久旱不雨，河流干涸，正是由于自然界的水文循环，才形成这种永无终止、千变万化的水文现象。

水文循环的途径及循环的强弱，决定了水资源的地区分布及时空变化。人类也可以通过农林措施与水利措施对水循环产生影响。研究水文循环的目的，在于认识它的基本规律，揭示其内在联系，这对合理开发和利用水资源，抗御洪旱灾害、改造自然、利用自然都有十分重要的意义。

第二节 河流及流域

河流是在一定地质和气候条件下形成的河槽与其中流动的水流的总称。河流是地球上水文循环的重要路径。流入海洋的河流称为外流河，如长江、黄河、海河等。流入内陆湖泊或消失于沙漠中的河流称为内流河，如新疆的塔里木河。人类依傍河流而生，通过利用和开发河流来谋求社会经济的发展。随着社会生产力的提高和科学技术的进步，人类对河流开发的力度越来越大，对河流资源的索取越来越多。但是在河流对人类贡献越来越大的同时，也引发了河流自身和周边环境的一系列问题，甚至影响到河流的基本功能和永续利用。为实现人类社会的可持续发展，必须在认识自然规律的基础上，努力做到人与河流的和谐发展。

一、河流及其特征

河流有山区河流和平原河流之分：山区河流落差大，坡降陡，流速大，一旦发生洪水易暴涨暴落；平原河流落差小，坡降缓，流速小，一旦发生洪水退水慢，河槽相对稳定，但易淤积。

2-2-1

河流

（一）河流分段

河流一般分为河源、上游、中游、下游、河口五段。河源是河流发源的地方，可以是溪涧、泉水、湖泊或沼泽等。上游直接连接河源，一般落差大，水流急，下切和侵蚀强，在该段形成的地貌多为急流险滩及瀑布；中游段的坡降变缓，下切力减弱，而其向两侧的侵蚀力加强，河道弯曲，两岸常有滩地，河床较稳定；下游段的比降变得更为平缓，流速较小，常有浅滩、沙洲，淤积作用显著；河口是河流的终点，即河流注入湖泊、海洋或其他河流的地方。例如：1976 年经考察后认为长江发源于唐古拉山主峰格拉丹东雪山西南侧，源头为沱沱河，河源至湖北宜昌为上游段，宜昌到江西湖口为中游段，湖口到入海处为下游段，河口处有崇明岛，江水最后流入东海。

（二）干流、支流和河长

干流和支流是一个相对的概念。在一个水系里面，一般以长度或水量最大的河流作为干流，注入干流的河流为一级支流，注入一级支流的河流为二级支流，依此类推。但干流划分有时根据过去的习惯来定，如岷江和大渡河，后者长度和水量都大于前者，但把大渡河称为岷江的支流。

一条河流自河源到河口，沿着干流量取的弯曲长度称为河长，或者叫干流长度。对水库而言，干流长度是指自河源到坝址的弯曲长度。

（三）水系

由干流、支流、湖泊、沟溪等构成脉络相通的泄水系统称为水系，或称河系、河网。水系的名称通常以它的干流或注入的湖泊、海洋命名，如太湖水系、长江水系等。根据干支流分布状况，水系的几何形态有以下几种（图 2-2）：

（1）扇形水系。干支路分布如扇骨状，如海河。

（2）羽形水系。河流的干流由上而下沿途左右汇入多条支流，形如羽毛状。

（3）平行水系。干流在某一河岸平行纳入多条支流，如淮河。

（4）混合水系。一般大的河流都为上述 2～3 种形状水系混合组成。

不同形状的河系，会产生不同的水情。

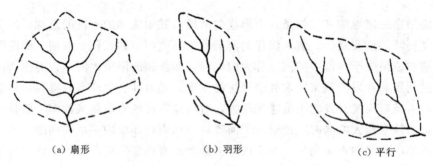

(a) 扇形　　　　　　　　(b) 羽形　　　　　　　　(c) 平行

图 2-2　水系形态示意图

（四）河谷与河槽

两山之间狭长弯曲的洼地称山谷，排泄水流的谷地称河谷。由于地质构造和水力侵蚀作用不同，河谷的横断面可分为峡谷、广阔河谷和台地河谷三种类型。河谷底部过水部分称为河床或河槽。河槽横断面有单式断面和复式断面之分，如图2-3所示。河槽某处垂直于水流方向的横断面称过水断面。当水位涨落变化时，过水断面的形状和大小也随之发生变化。

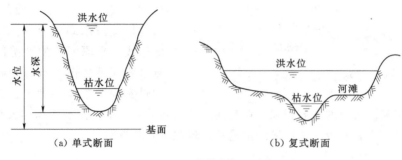

（a）单式断面　　　　　　　　　　（b）复式断面

图2-3　河槽横断面示意图

（五）河流的比降

河流的比降包括河道水面比降和河道纵比降。河段两断面的水面高差为水面落差，单位河长的水面落差叫水面比降；河源与河口处的河底高程差为总落差，单位河长的落差叫河道纵比降。

当河道纵断面呈折线或曲线时，可将河道按坡度转折点分段，如图2-4所示，再按式（2-1）计算河道平均比降 J

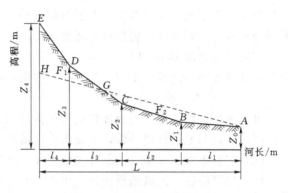

图2-4　河道纵比降计算示意图

$$J=[(Z_0+Z_1)L_1+(Z_1+Z_2)L_2+\cdots+(Z_{n-1}+Z_n)L_n-2Z_0L]/L^2 \quad (2-1)$$

式中　Z_0、Z_1、$\cdots$、Z_n——自出口断面起，向上游沿河道底部各转折点高程，m；

　　　L_1、L_2、$\cdots$、L_n——两转折点间的距离，m；

　　　　　　L——河道的弯曲长度，m。

二、流域及其特征

在河流某一控制断面上汇集地表水和地下水的区域，称为流域。对水库而言，其流域是指坝址以上河流的集水区域；如不指明断面时，流域是指河口断面以上整个河流的集水区域。

2-2-2

流域

（一）分水线与集水面积

相邻两流域的界线称为分水线。由分水线所包围的区域即为流域。分水线有地面分水线和地下分水线两种，地面分水线为流域四周的山脊线，即流域周围最高点的连线，起着划分地表径流的作用，也叫分水岭，如秦岭是长江与黄河的分水岭。地面分水线与地下分水线两者是否吻合，与岩层的构造和性质有关。当两者一致时称闭合流域，两者不一致时称非闭合流域，如图2-5所示。

在地形图上绘出流域的分水线，量出分水线包围的面积，即为流域面积，以 F

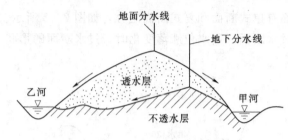

图 2-5 地面与地下分水线示意图

表示，单位 km^2。在实际工作中，由于地下分水线难以确定，常以地面分水线包围的面积为集水面积，也称流域面积。山区河流的分水线，由地形图按水系的分布，勾绘山脊的连线。平原河流的下游部分地面分水线在地形图上难以勾绘，需要通过实地勘察才能确定。流域面积大小是衡量河流大小的重要指标，在其他条件相同的情况下，流域面积的大小，决定河川径流的多少，所以一般河流的水量总是越往下游越丰富。

（二）流域的长度和平均宽度

流域长度是指流域的轴长，即以河口为中心作同心圆，在同心圆与流域分水线相交处绘出许多割线，各割线中点的连线即为流域长度 L，单位为 km。当流域两岸分布较为对称时，则流域长度接近主河道长度。

流域平均宽度 B 可用 $B=(F/L)$ 计算。如两个流域的集水面积大小较接近，L 愈长，B 愈狭小，地表径流较难集中；L 愈短，B 愈宽，地表径流易于集中。

（三）流域的自然地理特征

（1）地理位置。流域的地理位置可用流域的边界或流域中心经纬度表示。它反映了流域的气候与地理环境特性，也是水文区域性变化的一个标志。

（2）气候条件。流域气候条件包括降水、蒸发、温度、湿度、日照等。

（3）地形特征。流域地形特征可用高山、高原、丘陵、平原、盆地等划分流域地形的类别，也可用流域平均高程、平均坡度表示。

（4）土壤与地质。流域内土壤性质与地质构造特性，直接影响着入渗率和河道输沙量。

（5）地面植被。流域地面植被常用森林面积占流域面积的百分数，即森林覆盖率表示。如流域植被好，能增加地面糙度，加大入渗水量，延长地表径流汇流时间，延缓洪水历时。

（6）湖泊与沼泽。流域内的湖泊与沼泽对河川径流起着调蓄作用。

（7）人类经济活动因素。在流域内开展的一切农业、林业、水利等经济活动，均会对流域径流产生一定影响，甚至改变径流的时空分布。

第三节 降 水

2-3-1

降水

一、降水的基本概念

从云雾中降落到地面的液态水或固态水，如雨、雪、霰、雹、露、霜等称为降水。降水是气象要素之一，也是自然界水循环和水量平衡的基本要素之一，降水量时空分布的变化规律，直接影响河川径流情势，所以在工程水文及水资源中必须研究降水，特别是降雨。

二、降水的形成与分类

（一）降水的形成

形成降水，尤其比较大的暴雨，必须具备两个条件：一是大量的暖湿空气源源不断地输入雨区；二是这里存在使地面空气强烈上升的机制，如暴雨天气系统，使暖湿空气迅速抬升，上升的空气因膨胀做功而冷却，当温度低于露点后，水汽凝结为愈来愈大的云滴，上升气流不能浮托时，便形成降水。

（二）降水的分类

按空气抬升形成动力冷却的原因可以把降水分为4种类型。

1. 对流雨

由于地面局部受热，下层湿度比较大的空气膨胀上升，与上层空气形成对流，动力冷却致雨。这种降雨多发生在夏季酷热的午后，降雨强度大、范围小、历时短，常常形成小流域的暴雨洪水。

2. 地形雨

近地面的暖湿空气运移过程中遇山脉阻挡时，将沿山坡抬升，由于动力冷却而致雨，过山脉后，气流沿山坡下降。故迎风面雨多，背风面雨少，甚至出现干旱少雨区域，称雨影区。

3. 锋面雨

在较大范围内存在着水平方向物理性质，如温度、湿度等分布比较均匀的大范围空气，称为气团。气团可分为冷气团（温度低、湿度小）和暖气团（温度高、湿度大），冷暖气团相遇时，在它们接触处所形成的不连续面称为锋面，锋面与地面的相交地带叫作锋。

锋面雨可分为冷锋雨和暖锋雨。当冷暖气团相遇时，冷气团沿锋面楔进暖气团，迫使暖气团上升，发生动力冷却而成雨，称为冷锋雨，如图2-6（a）所示。冷锋雨强度大，历时较短，雨区范围较小。若暖气团行进速度快，暖气团将沿界面爬升到冷气团之上，冷却致雨，称为暖锋雨，如图2-6（b）所示。暖锋雨强度小，历时长，雨区范围大。

（a）冷锋雨　　　　　　　　　　　　（b）暖锋雨

图2-6　锋面雨示意图

4. 气旋雨

气旋是中心气压低于四周的大气涡旋。在北半球，气旋内的空气做逆时针旋转，并向中心辐合，引起大规模的上升运动，水汽因动力冷却而致雨，称为气旋雨。按热力学性质分类，气旋可分为温带气旋和热带气旋两类，相应产生的降水称为温带气旋雨和热带气旋雨。

（1）温带气旋。温带地区的气旋由锋面波动产生的，称为锋面气旋，一个发展成熟的锋面天气为：气旋前方是暖锋云系及伴随的连续性降水天气，气旋后方是狭窄的冷锋云系和降水天气，气旋中部是暖气团天气，有层云或毛毛雨。

（2）热带气旋。热带气旋指发生在低纬度海洋上的强大而深厚的气旋性旋涡，如图 2-7 所示。根据《热带气旋等级》（GB/T 19201—2006），热带气旋按中心附近地面最大风速划分为 6 个等级，见表 2-1。

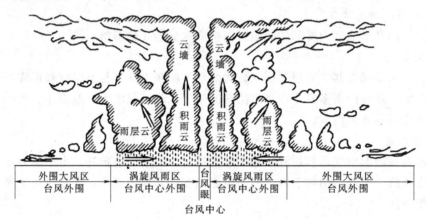

图 2-7 热带气旋示意图

表 2-1 热带气旋等级划分标准

热带气旋的等级	底层中心附近最大平均风速 /(m/s)	底层中心附近最大风力 /级
热带低压（TD）	10.8～17.1	6～7
热带风暴（TS）	17.2～24.4	8～9
强热带风暴（STS）	24.5～32.6	10～11
台风（TY）	32.7～41.4	12～13
强台风（STY）	41.5～50.9	14～15
超强台风（SUPERTY）	≥51.0	≥16

在我国，台风大多数发生在夏秋两季，通常在西太平洋热带海面上形成的暖湿空气的旋涡团，旋涡的直径一般为 100～300km，其中心气压很低，内部空气高温、高湿，台风往往挟带狂风暴雨，破坏力极大。台风登陆后，遭遇山体、建筑物等障碍物，强度减弱，逐渐变为低气压，直至消亡。台风的特性指标如下：

（1）近中心最大风力。也称底层（距地面 10m 处）中心附近最大平均风速，这是衡量台风强弱的主要指标。

（2）台风中心气压。气压一般以百帕（hPa）表示，气压愈低，表示台风强度愈大。

（3）台风范围。台风结构分为台风眼区、旋涡区和外围区三部分，如图 2-7 所示。台风的旋涡区和外围区愈大，风和降雨面积愈大。通常用风圈和降雨等值线表示。

（4）台风移动速度。台风平均移动速度一般为 20～30km/h，台风转向时移动速度减慢，转向后加快，停滞或打转时最慢。

（5）台风移动路径。台风在西北太平洋生成后，在内力和外力的作用下，以各种复杂的路径移动，主要有西向、西北向、转向和特殊路径四种。

三、降水特性的描述

降水的性质和特征用降水量、降水历时、降水时间、降水强度、降水面积四个基本要素表示。

（一）降水量

降水量是指一定时段内降落在某一点或某一流域面积上的水层深度，以 mm 为单位。在表明降水量时一定要指明时段，如次降水量、日降水量等。

（二）降水历时和降水时间

降水历时是指一次降水自始至终所经历的实际时间；降水时间是根据需要人为划分的时段，如 1h、3h、6h、12h、24h 和 1d、3d、5d 等，用以计算各时段内的降水量。降水历时内的降水是连续的；而降水时间内的降水可能是连续的，也可能是间歇的。

（三）降水强度

降水强度是指在某一历时内的平均降水量，降水强度＝降水量/降水历时。它可以用单位时间内的降水深度表示（mm/min 或 mm/h），也可以用单位时间内的面积上的降水体积表示。降水强度是描述暴雨特征的重要指标，强度越大，雨愈猛烈。计算时特别有意义的是相应于某一历时的最大平均降水强度，显然，所取的历时越短则求得的降水强度愈大。降水强度也是决定暴雨径流的重要因素。

通常按降雨强度的大小将降雨分为：小雨、中雨、大雨、暴雨、大暴雨和特大暴雨 6 种，我国气象部门一般采用的降雨强度等级划分标准见表 2-2。同样，雪的大小也按降水强度分类，降雪可分为小雪、中雪、大雪和暴雪等几个等级（表 2-3）。

表 2-2　　　　　　　　降雨强度等级划分标准（内陆部分）

项　目		24h 降水总量/mm	12h 降水总量/mm
降水强度的等级划分	小雨、阵雨	0.1～9.9	≤4.9
	小雨—中雨	5.0～16.9	3.0～9.9
	中雨	10.0～24.9	5.0～14.9
	中雨—大雨	17.0～37.9	10.0～22.9
	大雨	25.0～49.9	15.0～29.9
	大雨—暴雨	33.0～74.9	23.0～49.9
	暴雨	50.0～99.9	30.0～69.9
	暴雨—大暴雨	75.0～174.9	50.0～104.9
	大暴雨	100.0～249.9	70.0～139.9
	大暴雨—特大暴雨	175.0～299.9	105.0～169.9
	特大暴雨	≥250.0	≥140.0

表 2-3　　　　　　　　　　　　各类雪的降水量标准

种类	小雪	中雪	大雪	暴雪
24h 降水量/mm	<2.5	2.5~4.9	5.0~9.9	
12h 降水量/mm	<1.0	1.0~2.9	3.0~5.9	≥6.0

（四）降水面积

降水面积指降水笼罩的水平面积，以 km² 计。

此外，降水中心、降水走向等降水要素对流域的降水也有较大的影响。

四、降雨的时空表示方法

为了反映一次降雨在时间上的变化及空间上的分布，常用以下图示方法。

（一）降雨过程图

表示降雨在时程上的分配，可用降雨强度过程线表示。常以时段降雨量为纵坐标，时段时序为横坐标，采用柱状图表示，如图 2-8 所示。至于时段的长短，可根据计算的需要选择，如分钟、小时、日、月等。降雨强度可以是瞬时的或时段平均的。瞬时降雨强度过程线是根据自记雨量计的观测记录整理绘制的，过程线下所包围的面积就是这次降雨的总降雨量。时段平均降雨强度过程线则是根据雨量器按规定时段进行观测的降雨量记录绘制的，过程线各时段内的矩形面积表示该时段内的降雨量。

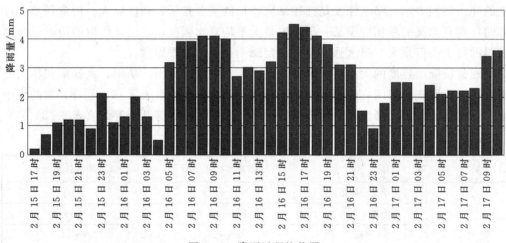

图 2-8　降雨过程柱状图

（二）降雨量累积曲线

降雨过程也可用降雨量累积曲线表示。此曲线横坐标为时间，纵坐标代表自降雨开始到各时刻降雨量的累积值，如图 2-9 所示。自记雨量计记录纸上的曲线，即降雨累积曲线。曲线上每个时段的平均坡度是各时段内的平均降雨强度。曲线上的斜率表示该瞬时的降雨强度。曲线坡度陡，降雨强度大；反之则小。若坡度等于零，说明该时段内没有降雨。

如果将相邻雨量站的同一次降雨累积曲线绘制在同一张图上，可用于分析降雨在时程上和空间上分布的变化特性。

（三）降雨量等值线图

降雨量等值线图是表示某一地区或流域的次降雨量或时段（如小时、日、月、年）降雨量地理分布的常用工具。它的具体做法是：在地形图上将各雨量站相同起讫时间内的时段降雨量标注在相应的地理位置上，根据直线内插的原理，并考虑地形对降雨的影响，勾绘出等值线，如图2-10所示。

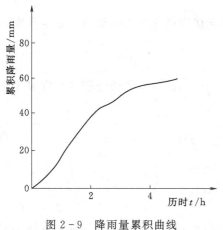

图2-9　降雨量累积曲线

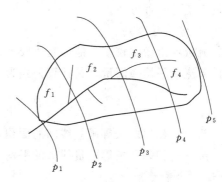

图2-10　降雨量等值线图

五、流域平均降雨量的计算

雨量站观测的降雨量只代表该站点的降雨量（或称点雨量），而形成河川径流的则是整个流域上的降雨量，对此，可用流域平均雨量（或称面雨量）来反映。下面介绍三种常用的计算方法。

（一）算术平均法

将流域内各站点同一时段内的降雨量进行算术平均。该方法适用于雨量站分布均匀、地形起伏变化不大的流域。

$$\overline{P} = \frac{1}{N}\sum_{i=1}^{n} P_i \qquad (2-2)$$

式中　$\overline{P}$——某一指定时段的流域平均降雨量，mm；

　　　N——流域内的雨量站数；

　　　P_i——流域内第i站指定时段的降雨量，mm。

（二）泰森多边形法

该法假定流域上各点的降雨量以其最近的雨量站的降雨量为代表，因此需要采用一定的方法推求各雨量站在流域中代表的面积，这些站代表的面积图就称为泰森多边形。其作法是：①以雨量站为顶点，用直线（图2-11中的虚线）就近连接各站为互不重复的三角形。②作各连线的垂直平分线，它们与流域分水线一起组成n个多边形，每个多边形

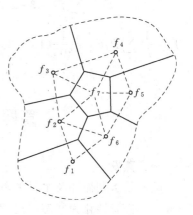

图2-11　泰森多边形

2-3-3
计算流域平均降雨量

的面积就是其中的雨量站代表的面积。

设第 i 站代表的面积为 f_i，第 i 站的降雨量为 P_i，则该法计算流域平均降雨量的公式为

$$\overline{P} = \sum_{i=1}^{n} \frac{f_i}{F} P_i \tag{2-3}$$

式中　$\dfrac{f_i}{F}$——第 i 站代表面积占流域面积的比值，称权重。

该方法适用于雨量站分布不均匀、地形起伏变化比较大的流域。是生产实践中应用比较广泛的一种方法。

（三）等雨量线法

若流域内雨量站较多，地形起伏较大，能绘制出雨量等值线图时，宜采用等雨量线法计算流域平均降雨量，其计算公式为

$$\overline{P} = \frac{1}{F} \sum_{i=1}^{n} p_i f_i \tag{2-4}$$

式中　f_i——相邻两条等雨量线间的面积，km^2；

p_i——相邻两条等雨量线值的平均，mm。

（四）计算实例

【例 2-1】　某流域内设有 7 个雨量站，如图 2-11 所示。某日各站的降雨量观测值分别为 15mm、20mm、25mm、14mm、18mm、45mm、50mm，各雨量站控制面积分别为 $35km^2$、$20km^2$、$25km^2$、$50km^2$、$30km^2$、$27km^2$、$18km^2$。试用算术平均法和泰森多边形法计算流域平均降雨量。

解：

（1）算数平均法

$$\overline{P} = \frac{1}{N} \sum_{i=1}^{n} P_i = \frac{15 + 20 + 25 + 14 + 18 + 45 + 50}{7} = 26.7 (mm)$$

（2）泰森多边形法

$$F = \sum_{i=1}^{n} f_i = 35 + 20 + 25 + 50 + 30 + 27 + 18 = 205 (km^2)$$

$$\overline{P} = \frac{1}{F} \sum_{i=1}^{n} P_i F_i = \frac{1}{205} (15 \times 35 + 20 \times 20 + 25 \times 25 + 14 \times 50 + 18 \times 30 + 45 \times 27$$

$$+ 50 \times 18) = 23.9 (mm)$$

第四节　蒸　发　与　下　渗

一、蒸发

蒸发是水文循环及水量平衡的基本要素之一，对径流有直接影响。蒸发过程是水由液态或固态转化为气态的过程，是水分子运动的结果。流域的蒸发分为水面蒸发、土壤蒸发和植物散发三种。

2-4-1

蒸发

1. 水面蒸发

水面蒸发是指江、河、水库、湖泊和沼泽等地表水体水面上的蒸发现象。水面蒸发是最简单的蒸发方式，属于饱和蒸发。影响水面蒸发的主要原因是温度、湿度、风速和气压等气象条件。

2. 土壤蒸发

土壤蒸发比水面蒸发要复杂得多，湿润的土壤，其蒸发过程一般可以分为三个阶段。第一阶段，表层土壤的水分蒸发后，能得到下层土壤的水分补充。这时土壤蒸发主要发生在表层，蒸发速度稳定，其蒸发量接近相同气象条件下的水面蒸发能力。第二阶段，土壤表面局部地方开始干化，土壤蒸发一部分在地表进行，另一部分发生在土壤内部。蒸发速度逐渐降低。第三阶段，当毛管水完全不能到达地表，土壤水分蒸发发生在土壤内部，蒸发的水汽由分子扩散作用逸入大气，蒸发速度缓慢。因土壤蒸发观测比较困难，而且精度较低，一般测站均不进行土壤蒸发观测。

3. 植物散发

土壤中的水分经植物根系吸收后，输送至叶面，逸入大气，称为植物散发。土壤水分消耗在散发上的数量很大，散发过程是一种生物物理过程。目前，我国植物散发的观测资料很少，散发量难以计算。

4. 流域总蒸发

流域总蒸发是流域内所有的水面、土壤以及植被蒸发与散发的总和。由于流域内气象条件与下垫面条件的变化复杂，要直接测出一个流域的总蒸发几乎是不可能。目前采用的方法是从全流域综合角度出发，用水量平衡原理来推算流域总蒸发量。

二、下渗

下渗是指降落到地面上的雨水从地表渗入土壤的运动过程。作为降雨径流形成过程中的一项重要因素，下渗不仅直接影响到地面径流量的大小，也影响到土壤含水量及地下径流量的消长。

2-4-2 ▶
下渗

1. 下渗及其变化规律

当雨水落在干燥的土壤表面后，首先在土粒分子的作用下吸附在土粒周围，形成薄膜水。当薄膜水得到满足后，继续入渗的水分充填土粒间的空隙，且在表面张力的作用下产生毛管力，使水分向土隙细小的地方运动。当表层土壤的毛管水满足以后，继续入渗的水分首先使表层土壤饱和，这时，饱和层毛管力的方向向下，水分在毛管力作用下向下层渗透，同时空隙中的自由水在重力作用下沿空隙向下运动。如果地下水埋藏不深，重力水可补给地下水，形成地下径流。由此可见，下渗是在分子力、毛管力和重力的综合作用下进行的，开始三种力同时作用，入渗速度最大；随着土壤湿度增大，前两种力逐渐减小或消失，水分主要在重力作用下运动，入渗速率就趋于一个稳定的值。下渗是一个极为复杂的过程，不同的土壤，或同类土壤在不同的水分条件下，其下渗过程都不相同。

2. 天然条件下的下渗

在天然条件下，降雨强度的时空变化很大，很不稳定，且有时不连续，因而实际的下渗过程也是不稳定且有时不连续的。在一次降雨过程中可能会出现降雨强度小于、大于或等于下渗能力的各种情况，只有当降雨强度超过或等于该时刻的下渗能力时，水分才按下渗能力下渗；否则，实际下渗率是达不到下渗能力的，而只能按降雨强度下渗。

影响下渗率和下渗过程的主要因素有土壤特性、土壤前期含水量、植被、地形和降雨特性等。即使是一个较小流域，以上这些因素在时空分布上也是不均匀的，因此流域各处的下渗过程及其特点也就不相同。

第五节　径　　流

一、径流形成过程

径流是指流域表面的降水或融雪沿着地面与地下汇入河川，并流出流域出口断面的水流。河川径流的来源是大气降水。降水的形式不同，径流形成的过程也不一样。一般可分为降雨径流和融雪径流。在我国河流主要以降雨径流为主，冰雪融水径流只在局部地区或某些河流的局部地段发生。

根据径流途径的不同，可以把径流分为地面和地下径流。降雨开始后，除少量降落在水面直接形成径流外，一部分降雨被滞留在植物的枝叶上，称为植物截留，其余落到地面上的雨水向土中下渗，补充土壤含水量并逐步向下层渗透。下渗水如能到达地下水面便可以通过各种途径渗入河流，成为地下径流。地下径流可分为不同的组成部分。位于不透水层之上的冲积层中的地下水，它具有自由水面，称为浅层地下径流；位于两个不透水层之间的地下水称为深层地下水，其水源很远，流动缓慢，流量稳定，称为深层地下径流。两者都在河网中从上游向下游、从支流到干流汇集到流域出口断面，经历了一个流域汇流阶段。我们习惯上把上述径流形成过程概化为产流过程和汇流过程两个阶段。但是，在径流形成过程中，由于降水、蒸发以及土壤含水量存在时间和空间上的不均匀性，从而使产流和汇流在流域中的发展也具有不均匀性和不同步性。

（一）产流过程

降雨开始时，一部分雨水被植物茎叶所截留。这一部分水量通过消耗与蒸发，回归大气中。其余落到地面的雨水，除下渗外，有一部分填充低洼地带或塘堰，称为填洼。这一部分水量，有的下渗，有的以蒸发形式被消耗。当降雨强度小于下渗能力时，降落在地面的雨水将全部渗入土壤；大于下渗能力时，雨水除按下渗能力入渗外，超出下渗能力的部分便形成地面径流，通常称为超渗雨。下渗的雨水滞留在土壤中，除被土壤蒸发和植物散发而损耗掉外，其余的继续下渗，通过含气层、浅层透水层和深层透水层等产流场所形成壤中流、浅层地下径流和深层地下径流向河流补给水量，如图 2-12 所示。由此可见，产流过程与流域的滞蓄和下渗有着密切的关系。

（二）汇流过程

降水形成的水流，从它产生的地点向流域出口断面的汇集过程，称为流域汇流。汇流可分为坡地汇流及河网汇流两个阶段。

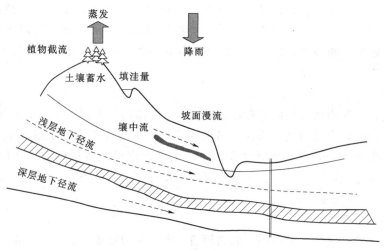

图 2-12 径流形成过程示意图

1. 坡地汇流

坡地汇流是指降雨产生的水流从它产生的地点沿坡地向河槽的汇集过程。坡地是产流的场所，包括坡面、表层和地下三种情况。坡面汇流习惯上被称作坡面漫流，是超渗雨沿坡面流往河槽的过程，坡面上的水流多呈沟状或片状，汇流路线很短，因此汇流历时也较短。暴雨的坡面漫流容易引起暴涨暴落的洪水，这种水流被称为地面径流。表层汇流是雨水渗入土壤后，使表层土壤含水量达到饱和，后续下渗雨量沿该饱和层的坡度在土壤孔隙间流动，注入河槽的过程。这种水流称为壤中流或表层径流。表层径流的实际发生条件和表现形式比较复杂，在实际的水文分析工作中往往将它并入地面径流。重力下渗的水达到地下水面，并经由各种途径注入河流的过程称为地下汇流，这部分水流统称地下径流。由于地下往往存在不同特性的含水层，地下径流可分为浅层地下径流和深层地下径流。浅层地下径流通常是指冲积层地下水（也称潜水）所形成的径流，它在地表以下第一个常年含水层中，补给来源主要是大气降水和地表水的渗入。深层地下径流由埋藏在隔水层之间含水层中的承压水所形成，它的水源较远，流动缓慢，流量稳定，不随本次降雨而变化。

2. 河网汇流

河网汇流是指水流沿河网中各级河槽流至出口断面的汇集过程。显然，在河网汇流过程中，沿途不断有坡面漫流和地下水流汇入。对于比较大的流域，河网汇流时间长，调蓄能力大，当降雨和坡面漫流停止后，它产生的径流还会延长很长的时间。

二、径流的影响因素

径流形成的影响因素可分为三大类，即流域的气候因素、地理因素和人类活动因素。

（一）流域的气候因素

1. 降雨

降雨是径流形成的必要条件，降雨特性对径流的形成和变化起着重要的作用。在其他条件相同时，降雨量大，降雨历时长，降雨笼罩面积大，则产生的径流量也大。降雨强度愈大，所产生的洪峰流量愈大，流量过程线多呈尖瘦状。暴雨中心在下游，洪峰流量则较大，暴雨中心在上游，洪峰流量就小些。暴雨中心如由流域上游向下游移动，各支流洪峰流量相互叠加，使干流洪峰流量加大，反之则小。

2. 蒸发

蒸发是直接影响径流量的因素，蒸发量大，降雨的损失量就大，形成的径流量就小。对于一次暴雨形成的径流来说，虽然在径流形成过程中蒸发量的数值相对不大，甚至可以忽略不计，但流域在降雨开始时的土壤含水量直接影响着本次降雨的损失量，即影响着径流量。而土壤含水量与流域蒸发有密切的关系。

（二）流域的地理因素

1. 流域地形

流域地形特征包括地面高程、坡面倾斜方向及流域坡度等。流域地形一方面是通过影响气候间接影响径流的特性，如山地迎风坡降雨量大，背风坡是气流下沉区，降雨量小。同时，山地高程较高时，气温较低，蒸发量较小，故降雨损失量较小。另一方面，流域地形还直接影响汇流条件，从而影响径流过程。例如：地形陡峻，河道比降大，则水流速度大，河槽汇流时间较短，洪水陡涨陡落，流量过程线多呈尖瘦形；反之则较为平缓。

2. 流域的大小和形状

流域本身具有调节水流的作用，流域面积愈大，地面与地下蓄水容积愈大，调节能力也愈强。流域面积较大的河流，河槽下切较深，得到的地下水补给就较多；而流域面积小的河流，河槽下切往往较浅，因此地下水补给也较少。

流域长度决定了流域上的径流到达出口断面所需要的汇流时间。汇流时间愈长，流量过程线愈平缓。流域形状与河系排列有密切关系，羽形排列的河系，各支流洪水可顺序而下，相遇的机会少，流量过程线较矮平；扇形排列的河系，各支流洪水较集中汇入干流，流量过程线往往较陡峻；平行状排列的河系，其影响与扇形排列的河系类似。

3. 河道特性

如河道短、坡度大、糙率小，则水流速度大，河道输送水流能力大，径流容易排泄，流量过程线尖瘦；反之则较为平坦。

4. 土壤、岩石和地质构造

流域土壤、岩石性质和地质构造与下渗量的大小有直接关系，从而影响产流和径流过程特性。

5. 植被

植物被覆能阻滞地表水流，增加下渗。森林地区表层土壤容易透水，有利于雨水渗入地下，从而增大地下径流，减少地面径流，使径流趋于均匀。对于融雪补给的河流，由于森林内温度较低，能延长融雪时间，使春汛径流的历时增长。

6. 湖泊和沼泽

湖泊和沼泽对洪水能起一定的调节作用，在涨水期，它能拦蓄部分洪水，到退水期再逐渐放出。因此，它对削减洪峰起很大的作用，使径流过程变得平缓。

（三）人类活动因素

径流是自然环境的产物，人类社会的生活和生产活动改变了自然环境，因而会导致径流的量和质的变化。对径流量的影响主要是通过农、林、水利等措施致使蒸发与径流的比例、地面径流与地下径流的比例以及径流量的时空分布等情况发生变化。例如，农业措施（旱地改水田、坡地改梯田等）将使田间蓄水量增加，从而增加蒸发量，减少径流量；林牧措施（封山育林、植树造林、种植牧草等）将增加流域下渗，延缓地面径流，减少水土流失；水利工程措施（修建水塘、闸堰、水库等）除了改变蒸发与径流的比例外，还通过调节径流，使径流在时间和空间上进行再分配，尤其是跨流域引水或排水工程，对天然径流的影响更为明显。对水质的影响主要是人类生活和生产活动排放的废水和污水对水资源的污染使水质变坏。

人类活动除对径流的量和质产生影响外，还会对人类生存的环境产生广泛的影响。水利工程或其他措施，可以把恶劣的自然环境改造成满足人们需要的美好环境，也有可能破坏原有的生态平衡产生新的问题，例如修建水库，不仅可以调节径流，还会对水质、地貌、气候、地质以及生态环境要素产生不利于人类的影响。例如不合理地开采地下水资源，使地下水位急剧下降，水质恶化，造成地面下沉、浅层水井报废、树木枯萎、咸水入侵等问题；不合理地引水灌溉，在引水地区可产生土壤盐渍化、污染转移、疾病蔓延等问题，在引出地区则可能产生水源不足、污染加剧、破坏水域生态环境等问题。因此，在水利工程规划设计中，必须把保护环境和进行环境影响评价作为重要内容之一。

三、径流表示方法与度量单位

（一）流量 Q

单位时间内通过河流某一断面的水量称为流量，以 m^3/s 计。流量随时间的变化过程可用流量过程线来表示，它可由水文年鉴刊布的流量资料绘制。水文中常用的流量还有：日平均流量、月平均流量、年平均流量、多年平均流量及指定时段的平均流量。

（二）径流总量 W

指历时 t 内流过某一断面的径流体积，也称总水量，以 m^3、万 m^3、亿 m^3 计。有时也用时段平均流量与时段的乘积表示，如 $(m^3/s) \cdot$ 月或 $(m^3/s) \cdot$ 日等。

（三）径流深 R

指将径流总量 W 平铺在流域面积 F 上的水深，以 mm 计。

$$R = \frac{W}{1000F} = \frac{\overline{Q}T}{1000F} \qquad (2-5)$$

式中　W——时段 T 内的径流量，m^3；

　　　$\overline{Q}$——时段 T 内的平均流量，m^3/s；

　　　T——计算时段，s；

　　　F——流域面积，km^2。

（四）径流模数 M

平均单位流域面积上的流量，以 $m^3/(s \cdot km^2)$ 计。

$$M = \frac{Q}{F} \tag{2-6}$$

随着对 Q 赋予的意义不同，径流模数也有不同的含义，如 Q 为洪峰流量，相应的 M 为洪峰流量模数，Q 为多年平均流量，相应的 M 为多年平均流量模数，等等。

（五）径流系数 α

某一时段的径流深 R 与该时段内流域平均降雨深度 P 之比称为径流系数，即

$$\alpha = \frac{R}{P}$$

因 $R < P$，所以 $\alpha < 1$。

第六节　水　量　平　衡

2-6

水量平衡

一、地球上的水量平衡

水文循环过程中，地球上对任一地区、任一时段进入的水量与输出的水量之差，必等于该区域内蓄水量的变化量，这就是水量平衡原理，它是工程水文及水资源中始终要遵循的一项基本原理。依此，可得任一地区、任一时段的水量平衡方程。

（一）对于某一时段

就全球的整个大陆，其方程为

$$P_c - R - E_c = \Delta S_c \tag{2-7}$$

就全球的海洋，其方程为

$$P_o + R - E_o = \Delta S_o \tag{2-8}$$

式中　P_c、P_o——大陆和海洋在时段 Δt 间的降水量，mm；

R——流出陆地（流入海洋）的径流量，mm；

E_c、E_o——大陆和海洋在时段 Δt 间的蒸发量，mm；

ΔS_c、ΔS_o——大陆和海洋在时段 Δt 间的蓄水变量，等于时段末的蓄水量减时段初的需水量。

对于全球，两式相加，即

$$P_c + P_o - (E_c + E_o) = \Delta S_c + \Delta S_o \tag{2-9}$$

（二）对于多年平均

由于每年的 ΔS_c、ΔS_o 有正、有负，多年平均趋于零，故有

大陆

$$P_c - R = E_c \tag{2-10}$$

海洋

$$P_o + R = E_o \tag{2-11}$$

全球

$$P_c + P_o = E_c + E_o \tag{2-12}$$

即全球多年年平均的蒸发量等于多年年平均的降水量。

二、流域水量平衡

根据水量平衡原理，对于非闭合流域，即流域的地下分水线与地面分水线不相重合，可列出如下水量平衡方程

$$P+E_1+R_表+R_地+S_1=E_2+R_表^1+R_地^1+S_2 \qquad (2-13)$$

式中　P——时段内的降水量，mm；

E_1、E_2——时段内的水汽凝结量和蒸发量，mm；

$R_表$、$R_地$——时段内地面径流和地下径流流入量，mm；

$R_表^1$、$R_地^1$——时段内地面径流和地下径流流出量，mm；

S_1、S_2——时段初和时段末的蓄水量，mm。

令 $E=E_2-E_1$ 代表净蒸发量，则式（2-13）为

$$P+R_表+R_地+S_1=E+R_表^1+R_地^1+S_2 \qquad (2-14)$$

式（2-14）即为非闭合流域的水量平衡方程。对于一个闭合流域，即流域的地下分水线和地面分水线重合，显然，$R_表=0$，$R_地=0$。若令 $R=R_表^1+R_地^2$，$\Delta S=S_2-S_1$，则闭合流域水量平衡方程为

$$P=R+E+\Delta S \qquad (2-15)$$

对于多年平均情况而言，上式中蓄水变量项 ΔS 的多年平均值趋近于 0，故上式可简化为

$$\overline{P}=\overline{R}+\overline{E} \qquad (2-16)$$

式中　$\overline{P}$、$\overline{R}$、$\overline{E}$——流域多年平均年降水量、径流量和蒸发量，mm。

【例 2-2】 某流域多年平均流量 $\overline{Q}=2.00\text{m}^3/\text{s}$，流域面积 $F=100\text{km}^2$，流域多年平均年降水量 $\overline{P}=900.0\text{mm}$，试计算该流域多年平均年径流总量 $\overline{W}$、年径流深 $\overline{R}$、年径流模数 $\overline{M}$、年径流系数 $\overline{a}$ 及年蒸发量 $\overline{E}$。

解：

一年的时间为：$T=365\times24\times3600=31.54\times10^6(\text{s})$

多年的平均年径流总量：$\overline{W}=\overline{Q}T=2.00\times31.54\times10^6=6.3\times10^7(\text{m}^3)$

多年的平均年径流深：$\overline{R}=\dfrac{W}{1000F}=\dfrac{\overline{Q}T}{1000F}=630(\text{mm})$

多年平均年径流模数：$\overline{M}=\dfrac{1000Q}{F}=20[\text{L}/(\text{s}\cdot\text{km}^2)]$

多年平均年径流系数：$\overline{a}=\dfrac{\overline{R}}{\overline{P}}=0.70$

将流域近似看作闭合流域，则多年平均年蒸发量 $\overline{E}=\overline{P}-\overline{R}=900.0-630.0=270.0(\text{mm})$。

课 后 扩 展

一、选择题

1. 使水资源具有再生性的原因是自然界的 〔　　〕。

2-7

拓展资源
——潮汐

  a. 径流   b. 水文循环   c. 蒸发   d. 降水

  2. 自然界中，海陆间的水文循环称为 〔 〕。

  a. 内陆水循环 b. 小循环   c. 大循环   d. 海洋水循环

  3. 某河段上、下断面的河底高程分别为 725m 和 425m，河段长 120km，则该河段的河道纵比降 〔 〕。

  a. 0.25   b. 2.5   c. 2.5%   d. 2.5‰

  4. 山区河流的水面比降一般比平原河流的水面比降 〔 〕。

  a. 相当   b. 小   c. 平缓   d. 大

  5. 甲乙两流域，除流域坡度甲的大于乙的外，其他的流域下垫面因素和气象因素都一样，则甲流域出口断面的洪峰流量比乙流域的 〔 〕。

  a. 洪峰流量大、峰现时间晚   b. 洪峰流量小、峰现时间早

  c. 洪峰流量大、峰现时间早   d. 洪峰流量小、峰现时间晚

  6. 甲流域为羽状水系，乙流域为扇状水系，其他流域下垫面因素和气象因素均相同，对相同的短历时暴雨所形成的流量过程，甲流域的洪峰流量比乙流域的 〔 〕。

  a. 洪峰流量小、峰现时间早   b. 洪峰流量小、峰现时间晚

  c. 洪峰流量大、峰现时间晚   d. 洪峰流量大、峰现时间早

  7. 某流域有两次暴雨，除暴雨中心前者在上游，后者在下游外，其他情况都一样，则前者在流域出口断面形成的洪峰流量比后者的 〔 〕。

  a. 洪峰流量大、峰现时间晚   b. 洪峰流量小、峰现时间早

  c. 洪峰流量大、峰现时间早   d. 洪峰流量小、峰现时间晚

  8. 甲、乙两流域除流域植被率甲大于乙外，其他流域下垫面因素和气象因素均相同，对相同降雨所形成的流量过程，甲流域的洪峰流量比乙流域的 〔 〕。

  a. 峰现时间晚、洪峰流量大   b. 峰现时间早、洪峰流量大

  c. 峰现时间晚、洪峰流量小   d. 峰现时间早、洪峰流量小

  9. 某流域两次暴雨，除降雨强度前者小于后者外，其他情况均相同，则前者形成的洪峰流量比后者的 〔 〕。

  a. 峰现时间早、洪峰流量大   b. 峰现时间早、洪峰流量小

  c. 峰现时间晚、洪峰流量小   d. 峰现时间晚、洪峰流量大

  10. 日降雨量 50～100mm 的降雨称为 〔 〕。

  a. 小雨   b. 中雨   c. 大雨   d. 暴雨

  11. 大气水平运动的主要原因为各地 〔 〕。

  a. 温度不同 b. 气压不同 c. 湿度不同 d. 云量不同

  12. 暴雨形成的条件是 〔 〕。

  a. 该地区水汽来源充足，且温度高

  b. 该地区水汽来源充足，且温度低

  c. 该地区水汽来源充足，且有强烈的空气上升运动

  d. 该地区水汽来源充足，且没有强烈的空气上升运动

13. 因地表局部受热，气温向上递减率增大，大气稳定性降低，因而使地表的湿热空气膨胀，强烈上升而降雨，称这种降雨为〔 〕。

    a. 地形雨   b. 锋面雨   c. 对流雨   d. 气旋雨

14. 地形雨的特点是多发生在〔 〕。

    a. 平原湖区中   b. 盆地中

    c. 背风面的山坡上   d. 迎风面的山坡上

15. 某流域（为闭合流域）上有一场暴雨洪水，其净雨量将〔 〕。

    a. 等于其相应的降雨量   b. 大于其相应的径流量

    c. 等于其相应的径流量   d. 小于其相应的径流量

16. 某流域有甲、乙两个雨量站，它们的权重为 0.4 和 0.6，已测到某次降雨量，甲为 80.0mm，乙为 50.0mm，用泰森多边形法计算该流域平均降雨量为〔 〕。

    a. 58.0mm   b. 66.0mm   c. 62.0mm   d. 54.0mm

17. 形成地面径流的必要条件是〔 〕。

    a. 雨强等于下渗能力   b. 雨强大于下渗能力

    c. 雨强小于下渗能力   d. 雨强小于、等于下渗能力

18. 流域汇流过程主要包括〔 〕。

    a. 坡面漫流和坡地汇流   b. 河网汇流和河槽集流

    c. 坡地汇流和河网汇流   d. 坡面漫流和坡面汇流

19. 自然界中水文循环的主要环节是〔 〕。

    a. 截留、填洼、下渗、蒸发   b. 蒸发、降水、下渗、径流

    c. 截留、下渗、径流、蒸发   d. 蒸发、散发、降水、下渗

20. 某闭合流域多年平均降水量为 950mm，多年平均径流深为 450mm，则多年平均年蒸发量为〔 〕。

    a. 450mm   b. 500mm   c. 950mm   d. 1400mm

21. 某流域面积为 500km^2，多年平均流量为 7.5m^3/s，换算成多年平均径流深为〔 〕。

    a. 887.7mm   b. 500mm   c. 473mm   d. 805mm

22. 某流域面积为 1000km^2，多年平均降水量为 1050mm，多年平均流量为 15m^3/s，该流域多年平均的径流系数为〔 〕。

    a. 0.55   b. 0.45   c. 0.65   d. 0.68

23. 某闭合流域的面积为 1000km^2，多年平均降水量为 1050mm，多年平均蒸发量为 576mm，则多年平均流量为〔 〕。

    a. 150m^3/s   b. 15 m^3/s   c. 74 m^3/s   d. 18m^3/s

24. 流域中大量毁林开荒后，流域的洪水流量一般比毁林开荒前〔 〕。

    a. 增大   b. 减少   c. 不变   d. 减少或不变

25. 我国年径流深分布的总趋势基本上是〔 〕。

    a. 自东南向西北递减   b. 自东南向西北递增

    c. 分布基本均匀   d. 自西向东递减

26. 流域退田还湖，将使流域蒸发 [　]。

a. 增加　　　　　b. 减少　　　　　c. 不变　　　　　d. 难以肯定

二、判断题

1. 水资源是可再生资源，因此总是取之不尽，用之不竭的。[　]

2. 河川径流来自降水，因此，流域特征对径流变化没有重要影响。[　]

3. 闭合流域的径流系数应当小于 1。[　]

4. 垂直平分法（即泰森多边形法）假定雨量站所代表的面积在不同降水过程中固定不变，因此与实际降水空间分布不完全符合。[　]

5. 采用流域水量平衡法推求多年平均流域蒸发量，常常是一种行之有效的计算方法。[　]

6. 降雨过程中，降雨强度大于下渗能力时，下渗按下渗能力进行；降雨强度小于下渗能力时，下渗按降多少下渗多少进行。[　]

7. 对于同一流域，因受降雨等多种因素的影响，各场洪水的地面径流消退过程都不一致。[　]

8. 退耕还林，是把以前山区在陡坡上毁林开荒得到的耕地，现在再变为树林，是一项水土保持、防洪减沙的重要措施。[　]

9. 对同一流域，降雨一定时，雨前流域土壤蓄水量大，损失小，则净雨多，产流量大。[　]

10. 土壤含水量大于田间持水量时，土壤蒸发将以土壤蒸发能力进行，因此，这种情况下的土壤蒸发将不受气象条件的影响。[　]

三、问答题

1. 从前曾认为水资源是取之不尽、用之不竭的，这种说法其实并不正确。为什么？为了使水资源能够长期可持续利用，你认为应当如何保护水资源？

2. 毁林开荒为什么会加剧下游的洪水灾害？

3. 围垦湖泊，为什么会使洪水加剧？

4. 为什么我国的年降水量从东南沿海向西北内陆递减？

5. 累积雨量过程线与降雨强度过程线有何联系？

6. 为什么对于较大的流域，在降雨和坡面漫流终止后，洪水过程还会延续很长的时间？

7. 河川径流是由流域降雨形成的，为什么久晴不雨河水仍然川流不息？

8. 同样暴雨情况下，为什么流域城市化后的洪水比天然流域的显著增大？

四、计算题

已知某流域内及其附近的雨量站位置如图 2-13 所示，A、B、C、D 站雨量分别为 P_A、P_B、P_C、P_D。试绘出该流域的泰森多边形，并在图上标出 A、B、C、D 站各自代表的面积 F_A、F_B、F_C、F_D，写出泰森多边形法计算本流域的平均雨量公式。

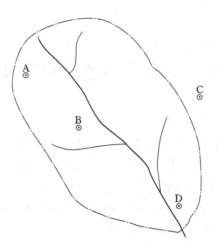

图 2-13 某流域内及其附近的
雨量站分布图

第三章　水文观测与资料分析

　　本章学习的内容和意义：本章主要学习水文信息的采集与处理技术，包括水文测站的设立和水文站网的布设；水位、流量、泥沙、降水、蒸发等各种水文要素的观测；水文自动测报系统；水文的调查方法；以及水文数据的处理方法和技术。本章研究的水文信息采集与处理是工程水文学中最基本的概念和方法之一，是以后学习水文统计、流域产汇流计算、水文预报等内容的基础。

3-1
水文测站与
站网

第一节　水　文　测　站

一、水文测站的概念、分类和任务

（一）水文测站的概念

　　水文测站是为经常收集水文数据而在流域内的河流、渠道、湖泊、水库上或地表上设立的各种水文观测场所的总称，常简称为测站。它是进行水文测验工作的基地，也是收集水文资料的基本场所。这个场所可能是常年驻守有测验人员，有固定的观测河段，有围栏保护的庭院，也可能是巡测的断面或自动观测仪器安装的一个具体观测点。水文测站常见的分类如下：

（二）水文测站的分类

　　（1）水文测站按性质和作用可分为国家基本水文测站和专用水文测站两类。国家基本水文测站，是指为公用目的，经统一规划设立，能获取基本水文要素值多年变化资料的水文测站，是水文站网的骨干。基本站应保持相对稳定，在规定的时期内连续进行观测，收集的资料刊入水文年鉴或存入数据库长期保存。专用水文测站是为科学实验研究、工程建设和运行管理、专项业务系统运用、专门技术服务等特定目的而设立的水文测站，是国家基本水文测站的补充。它可兼作基本站或辅助站，其观测项目和年限依设站目的而定。

　　（2）水文测站按观测项目可分为水文（流量）站、水位站、雨量站、水面蒸发站、泥沙站、水质监测站、地下水观测站（井）、墒情站等。其中水文站是测站中最重要的、观测项目最全的一类测站，也称流量站，设在河流、渠道、湖泊、水库上，以测定水位、流量为主，可兼测降水、水面蒸发、泥沙、地下水、墒情、水质等项目。水位站以观测水位为主，可兼测降水量等项目。墒情站是观测土壤含水量变化的测站。

　　（3）水文测站按测量水体的类型分为河道站、渠道站、湖泊站、水库站和感潮站等。河道站是在天然河道上设置的水文测站。渠道站是在人工河、渠上进行水文要素观测而设置的测站。湖泊（水库）站是在湖泊或水库的出口、进口或湖（库）区内进行水文要素观测而设置的测站。感潮站是专门开展潮水位、潮流量等海洋水文要素测验的测站。

（4）水文测站按测验方式可分为驻测站、巡测站、自动监测站和委托观测站。驻测站即由水文专业人员驻守进行水文测验的测站。巡测站是对部分或全部水文要素视其变化，定时或不定时到现场进行测验的测站。自动监测站是对水文要素采取无人值守自动监测的水文测站。委托观测站是由水文机构委托其行业外的单位、企业或社会公民开展水文观测的测站。

（5）水文测站按服务目的主要可分为报汛站和水资源监测站。报汛站是承担报汛任务的测站，可分为中央报汛站、地方报汛站、专用报汛站三类。水资源监测站是以水资源的管理、保护与开发利用为目的，在取水口、水源地、水功能区、入河排污口、行政或管理区域的界河断面以及其他水资源敏感区附近设立的水量、水质监测站。

（三）水文测站的任务

水文测站的主要任务是按照国家相关技术标准对指定地点（或河流断面）的水文要素进行系统观测，并对观测资料进行计算分析和整编；此外，还负责水文调查、水文预报、水文计算、水文试验研究和指导群众性水文工作。水文测站的任务和工作内容主要包括 4 个方面：

（1）进行定位观测。根据测站的性质和类型、人员及设施设备状况，采用驻测、巡测或遥测等方式进行定位观测。

（2）报送实时水情信息。测站将监测的各类水情信息，根据报汛任务书的要求，及时报送给各用户。

（3）整编水文资料。对实测水文资料按国家相关技术标准、规范，进行分析计算和整编。

（4）开展水文调查。当流域或地区发生特大暴雨、洪水、严重干旱、断流等异常水文现象，或水文测站不能监测的水文现象时，及时组织调查，收集有关资料。

二、水文站网

水文站网是水文测站在地理上的分布网，是在一定地区或流域内，按一定原则，用一定数量的各类水文测站构成的水文资料收集系统的总称。水文站网的布局合理与否，关系到水文资料的空间代表性和资料成果的质量，影响到水文工作的各个环节。因而水文站网如何布局常被看作是水文工作的战略问题。

国家对水文站网建设实行统一规划、总体布局。随着人类经济社会发展，自然地理、气候变化及大规模人类活动、工程建设影响，天然水体产汇流、蓄水及来水量等条件不断改变，其水文特征随之发生变化，国家适时适度地对水文站网进行科学的优化、调整，因此水文站网是一个不断发展和完善的动态系统。我国自近代以来开始在全国布设站网，中华人民共和国成立后发展加快，并经过几次较大规模的站网规划、论证和调整，至今已形成比较合理的站网布局，对国民经济发展和生态环境保护及管理起到了积极和重要的作用。

三、水文测站的设立

水文站网确定了地区或流域内测站布设的数量和概略位置，但要把测站真正设立起来，开展观测，必须经过水文站址勘测、测验河段选择、测验断面设置、布设基线、水准点及基础设施建设和测验仪器设备配置等环节的工作。

（一）水文站址勘测

水文站址勘测工作，包括勘测前的准备工作、外业勘测与调查两部分。勘测前，需调查了解拟设站附近基本自然地理、水系、交通、工程等基本情况，收集相关资料和图件，准备查勘工具仪器，编写调查大纲、工作计划等。外业勘测与调查，主要包括流域面上情况调查，测站控制条件查勘，河流特性勘测，测验断面下游变动回水情况调查，洪枯水情况调查，流域自然地理情况调查，流域内工程建设及河道航运情况调查，测量控制调查及实地测量，测站工作生活条件调查，勘测报告编写等。

（二）测验河段选择

测验河段，指的是为测量水文要素，按照一定技术要求，在河流上选择对水位流量关系稳定性起控制作用，并设有相应测验设施的河段。测验河段的选择一般考虑以下条件：

（1）测验河段宜顺直、稳定、水流集中、便于布设测验设施。河床稳定，无冲淤变化或冲淤变化较小。

（2）对于平原河流，要求河段顺直匀整，全河段有大体一致的河宽、水深和比降；对于山区河流，在保证测验工作安全的前提下，尽可能选在石梁、急滩、卡口、弯道等的上游处；对于潮汐河流，宜选择河面较宽、通视条件好、横断面形态单一、受风浪影响较小的河段。水库湖泊堰闸出口的测站，测验河段首选建筑物的下游，并避开水流紊动的影响。

（3）河道内流线相互平行，流线的方向与测验断面垂直。水流相对均匀，无逆流、斜流、严重漫滩、回水、死水或强烈的紊流，要尽量避开有变动回水的影响。

（4）测验断面与水位断面之间无分流和支流加入。

（5）洪水时水流不漫溢出河槽。小水时流速、水深不应太小，一般情况下流速要大于 0.15m/s，水深要大于 0.15m。

（三）测验断面设置

测验断面即在测验河段内进行水文要素测验的横断面。根据不同用途，测验断面可分为基本水尺断面、流速仪测流断面、浮标测流断面、比降水尺断面，根据需要还可设置辅助测流断面和临时测流断面，如图 3-1 所示。

1. 基本水尺断面

为经常观测水文测站水位而设置的断面，称基本水尺断面。通过基本水尺断面长年观测水位，提供水位变化过程的信息资料，并依靠该断面水位来推求通过测站的流量等水文要素的变化过程。基本水尺断面的布设应避开涡流、回流等影响；河道水位站的基本水尺断面，宜设在河床稳定、水流集中的顺直河段中间，并与流向垂直；感潮河段水位站的基本水尺断面宜选在河岸稳定、不易冲淤、不易受风浪直接冲击的地点。

2. 流速仪测流断面

用流速仪法测定流量而设置的断面称流速仪测流断面，常简称测流断面。由于泥

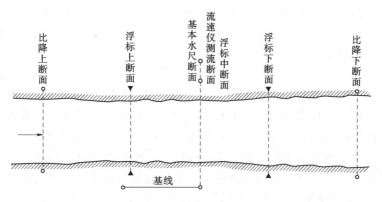

图 3-1 测验断面布设图

沙测验必须与流量测验同时进行，所以流速仪测流断面同时又用于输沙率测验。测流断面理论上应与基本水尺断面重合。但实际中，为避免测流和观测水位工作相互干扰，一般不会将两者完全重合，可分别设置，但应尽量减少两断面间的距离，中间不能有支流汇入和分出。测流断面应垂直于断面平均流向，应设在河岸顺直、等高线走向大致平顺、水流集中的测验河段中部。

3. 浮标测流断面

用浮标法测定流量而设置的断面，称浮标测流断面。浮标测流断面包括上、中、下三个断面，上、下断面用于测定浮标漂流速度，中断面用于测定浮标位置和过水断面面积。中断面宜与流速仪测流断面或基本水尺断面重合。当有困难时，可分别设置，但两断面间不应有水量加入或分出。在中断面的上、下游等距离且平行处布设上、下浮标断面。上、下浮标断面之间的距离，用于计算浮标航行距离。为减小测验误差、增强用浮标测得的流速的代表性（即代表浮标中断面的瞬时流速），应尽可能缩短测流历时。一般上下断面间距应为最大断面平均流速的 50~80 倍，干旱小河按 20~50 倍。对于山区河流，条件困难，可适当缩短，但不得小于最大断面平均流速的 20 倍。世界气象组织（WMO）的《水文气象实践指南》建议浮标漂流历时宜大于 20s，以确定浮标上、下断面的间距。

4. 比降水尺断面

为观测河段水面比降而设置的上、下两个或多个水位观测断面，称比降水尺断面。比降断面用于观测测验河段比降，测验河段的比降是重要的水文要素之一，可用于计算糙率、延长水位-流量关系、比降面积法计算流量等。在比降水位观测河段上应设置上、中、下三个比降断面。中断面应尽可能与流速仪测流断面或基本水尺断面重合。当受地形条件限制时，可用基本水尺断面兼作上比降断面或下比降断面。全河段要求顺直平整。上、下比降断面间不应有外水流入或内水分出，河底或水面比降不应有明显的转折，使测得的比降能真正代表测流断面上的纵比降。比降水尺断面的间距应使所测比降的误差不超过±15%。

（四）布设基线

基线是用于测算垂线在断面线上的起点距而在岸上设置的线段，也称基本测量线段。基线应垂直于测流断面,且起点应在断面起点桩上。基线长度的选定视河宽而定,为保证测算起点距的精度要求,基线长度应不小于河宽的 0.6 倍;当受地形限制时,最短也应为河宽的 0.3 倍。

（五）水准点

水准点是用水准测量方法测定的高程达到一定精度的控制点。水准点分为基本水准点和校核水准点,均应设置在地形稳定、便于引测和保护的地点。基本水准点是测站的永久性高程控制点,是测站上各种高程的基本依据,应设在测站附近历年最高水位以上或堤防背河侧不易损坏且便于引测的地点。校核水准点是用来引测和检查水文测站断面、水尺和其他设备高程的水准点。根据需要设在便于引测的地点。

（六）水文测站基础设施建设和测验仪器设备配置

水文测站的主要测验设施有断面设施、水位观测设施、渡河设施、生产生活用房、供电、供水、通信、防雷、防盗设施等。测站基础设施建设主要应该根据测站的生产任务（测验项目内容）、相关规范的技术要求和人员配置多少确定。测验仪器设备包括水位观测、通信、流量测验、泥沙测验、降水量观测、蒸发观测,温度、湿度、风速、风向观测等气象观测,水质监测、地下水监测、墒情监测、冰清观测、数据传输等必需的设备、仪器和工具等。

其中渡河设施是水文测验最重要的测验设施。进行流量测验和输沙率测验,一般情况下需要借助渡河设施设备才能完成。渡河设施按其所处位置可分为水上、岸上、架空和涉水 4 类测验设施设备。水上测验设施设备主要指各种水文测船;架空测验设施设备主要有测验缆道、测桥;岸上测验设施设备主要是各种断面标志、基线标志等仪器定位的附属设施;涉水测流用于较小的河流枯季测流,只需要一些简单设备,无需专门的测流渡河设施。水文测站的渡河设施设备特别要注意应能满足丰、平、枯各种水情条件下测流、测沙的要求;因此,水文测站应综合考虑各种因素,根据选择的测验方式,选择一种或几种渡河设施设备,或按洪水级别配置渡河设施设备。

第二节　水位、流量、泥沙、降水、蒸发观测

3-2-1

水位与流量
观测

一、水位观测

（一）水位观测的目的及意义

水位是水体的主要参数,通过水位观测可以了解水体状态,观测的水位值可直接为工程建设、防汛抗旱等服务。水位不仅可直接用于水文预报,通过观测水位值还可推求出其他水文观测项目,如流量、泥沙、水库库容、水温等。通常采用观测水位过程,依据已建立的水位流量关系可直接推求出流量过程;也可以再通过推求的流量过程,进一步推算出输沙率过程;也可以利用观测的水位计算水面比降,进而计算河道的糙率等。

水位是防汛抗旱、水资源调度管理、工程管理运行等工作的重要依据和重要资料,水位是掌握水文情况和进行水文预报的依据。由于水位常用于推求其他水文要素,水位观测的漏测或观测误差,可能会引起其他有关水文要素推求困难或误差。可

见，水位的观测十分重要，应重视水位观测工作。

（二）水位及基面的概念

水位是反映水体、水流变化的水力要素和重要标志，是水文测验中最基本的观测要素，是水文测站常规的观测项目。水位是指河流、水库、湖泊、人工河渠、海滨、感潮河段等水体的自由水面相对于某一基面的高程，其单位为 m。

基面是指计算水位和高程的起始面。可取用海滨某地的多年平均海平面或假定平面。水文测站中常用的基面主要有绝对基面、假定基面、测站基面和冻结基面 4 种。绝对基面，是将某一海滨地点平均海平面的高程定为零的水准基面，又称标准基面、基准面或高程基准。目前我国采用的绝对基面是 1985 国家高程基准（简称 85 基准）。假定基面是为计算水文测站水位或高程而假定的水准基面。常在测站附近没有国家水准点，或者一时不具备接测条件的情况下使用。测站基面是水文测站选用在略低于历年最低水位或河床最低点的一种专用假定的固定基面。一般选用低于历年最低水位或河床最低点以下 0.5～1.0m 处。冻结基面是水文测站首次使用某种基面后，即将其高程固定下来的基面。当测站使用测站基面或冻结基面时，应尽可能与绝对基面相接测，并求得冻结基面或测站基面与绝对基面表示的高程之间的转换关系，在水位资料刊印时应同时刊印测站采用基面与绝对基面的差值（或高程之间的转换关系）。

（二）水位观测的设备及方法

在水位观测中常用的观测设备有人工观测和自动监测设备。

1. 人工观测

人工观测水位的设备可包括水尺、水位计。

（1）水尺。指观测河流或其他水体水位的标尺，是测站观测水位的基本设施。按型式可分为直立式、倾斜式、矮桩式等。选择水尺型式时，应优先选用直立式水尺；直立水尺是垂直于水面的一种固定水尺。倾斜水尺是沿稳定岸坡或水工建筑物边壁的斜面设置的一种水尺，其刻度直接指示相对于该水尺零点的竖直高度。矮桩水尺是由设置于观测断面上的一组矮桩和便携测尺组成的水尺。将测尺直立于水面以下某一桩顶，根据其已知桩顶高程和测尺上的水面读数来确定水位。其中以直立式水尺构造简单，观测方便，为一般测站所普遍采用。它用坚硬平直的板条或搪瓷制成，安置在岸边便于观测的直立桩上或钉在桥柱或闸墙上。若水位变幅较大时，应设立一组水尺。倾斜式水尺是将水尺直接涂绘在特制的斜坡或水工建筑物的斜壁，如水库的迎水坡或砌护的渠坡上。观测水位时，水面在水尺上的读数加上水尺零点高程即为水位。

（2）水位计。包括测针式和悬锤式两种。水位测针用接触式方法测量水位，主要适用于人工小水体，如蒸发皿水面的测量。也用于一些实验室和试验场，极少使用水位测针测量天然水体的水位；悬锤式水位计是由一条带有重锤的绳或链所构成的水尺，悬锤式水位计都必须带有接触水面的指示器，从水面以上某一已知高程的固定点测量距离水面的竖直高差来计算水位。它常用于地下水位和大坝测压管水位的测量。

水位观测的时间和次数以能测得完整的水位变化过程为原则。当一日内水位平稳时，每日 8 时定时观测 1 次，不需加测；水位变化缓慢时，可分别在每日 8 时和 20 时定时各观测 1 次；水位变化较大时，可在每日 2 时、8 时、14 时和 20 时各观测 1

次；洪水期水位变化急剧时，应每 1～6h 观测一次，暴涨暴落时，应根据需要增加为每 30min 或若干分钟观测一次，以能测得各次峰、谷和完整的水位变化过程为原则。潮水位观测应每隔 30min～1h 在整点或半点时观测一次，在高、低潮前后，应 5～15min 观测一次，应能测到高、低潮水位及其出现时间；当受台风或风暴潮影响，潮汐正常变化规律发生变化时，应在台风或风暴潮影响期间加密测次；当受混合潮或副振动影响，高、低潮过后，潮水位出现 1～2 次小的涨落起伏时，应加密测次。水（潮）位观测时应注意视线水平，注意波浪及壅水的影响，读数应准确无误，精确至 0.5cm，时间记录至 1min。

2. 自动监测

自记水位计是自动记录水位变化过程的仪器，具有记录完整、连续、节省人力的优点，目前国内外发展了多种感应水位的方法，其中多数可与自记和远传设备联用，这些方法包括测定水面的方法、测定水压力的方法、由超声波传播时间推算水位的方法等。目前较常用的自记水位计类型有浮子式、压力式、超声波水位计等。

（1）浮子式水位计是浮子感应水位，浮子漂浮在水位井内，随水位升降而升降。

（2）压力式水位计。水压式自记水位计的工作原理是测量水压力，即测定水面以下已知测点高程以上的水柱 H 的压强 p，从而推算水位。

一般说来，这类仪器对于不能建水位测井的水位测点，具有安装灵活，土建费用低等优点。在沿海的河口地区，由于淡水与咸水相混合，水的容重经常变化，往往难以达到要求的精度，测得误差可能为几十厘米。因此，在含沙量高及河口地区使用这种水位计时必须十分注意。

（3）超声波水位计。声波在介质中以一定的速度传播，当遇到不同密度的介质分界面时，则产生反射。超声波水位计通过安装在空气或水中的超声换能器，测定一超声波脉冲从换能器射出经水面反射又回到换能器接收所经过的历时，历时乘以波速即可得到换能器到水面的距离。换能器离水面的距离加上换能器安装高程，可以得到水位值。

（四）水位观测成果的计算

1. 平均水位

平均水位是指某观测点不同时段水位的均值或同一水体各观测点同时水位的均值。前者一般要求计算日、旬、月、年平均水位。

日平均水位的计算方法主要有直接采用法、直线插补法、算术平均法和面积包围法。直接采用法和直线插补法只是在特殊情况下使用，一般情况下日平均水位计算主要采用算术平均法和面积包围法两种。

（1）算术平均法。一日内水位变化缓慢，或变化虽大，但观测等时距，可将各次观测的水位用算术平均法计算。见式（3-1）：

$$\overline{Z} = \frac{1}{n}(Z_0 + Z_1 + \cdots + Z_n) \tag{3-1}$$

式中　n——日观测水位的次数。

（2）面积包围法。当一日内水位变化较大，或观测时距不相等时，可将一日内

0～24h 水位过程线所包围的面积，除以一日的计算时间即得日平均水位，称为面积包围法，又称 48 加权法。其计算原理：将一日内水位变化的不规则梯形面积概化为矩形面积，其高即为日平均水位，面积包围法计算日平均水位（图 3-2）可按式（3-2）：

$$\overline{Z}=\frac{1}{48}[Z_0 a+Z_1(a+b)+Z_2(b+c)+\cdots+Z_{n-1}(m+n)+Z_n n]\qquad(3-2)$$

式中　　　　　　　　　$\overline{Z}$——日平均水位，m；

a、b、c、$\cdots$、n——观测时距，h；

Z_0、Z_1、Z_2、$\cdots$、Z_{n-1}、Z_n——相应时刻的水位值，m。

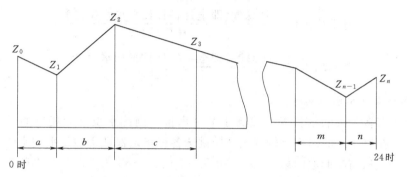

图 3-2　面积包围法计算日平均水位示意图

当无 0 时或 24 时实测水位时，应根据前后相邻水位直线插补求得。每 2～5d 观测一次水位时，其未观测水位的各日日平均水位可按直线插补求得。

【例 3-1】　某水文站某日观测水位的记录见表 3-1，试用算术平均法推求该日的日平均水位。

表 3-1　　　　　　　　　某水文站某日水位变化过程表

时刻 t	0 时	4 时	8 时	12 时	16 时	20 时	24 时
水位观测值/m	24.0	25.0	27.0	28.0	27.0	25.0	24.0

解：用算术平均法计算日平均水位，得

$\overline{Z}=(24.0+25.0+27.0+28.0+27.0+25.0+24.0)/7=25.71(\text{m})$

【例 3-2】　某水文站每日 4 段制观测水位的记录见表 3-2，试用面积包围法求该日平均水位。

表 3-2　　　　　　　　　某水文站水位观测记录表

日期	6 月 13 日	6 月 14 日				6 月 15 日	
时刻	20 时	2 时	8 时	14 时	20 时	2 时	8 时
水位/m	48.10	49.10	50.20	49.80	49.40	49.10	48.90

解：第一步：内插出 6 月 14 日 0 时水位：

$$Z_0=48.1+\frac{49.1-48.10}{6}\times 4=48.77(\text{m})$$

39

第二步：内插出 6 月 14 日 24 时水位：

$$Z_{24} = 49.4 - \frac{49.4 - 49.1}{6} \times 4 = 49.20(\text{m})$$

第三步：计算 6 月 14 日平均水位：

$$\overline{Z} = \frac{1}{48} \times [48.77 \times 2 + 49.1 \times (2+6) + 50.2 \times (6+6) + 49.8 \times (6+6)$$
$$+ 49.40 \times (6+4) + 49.2 \times 4] = 49.61(\text{m})$$

2. 月、年平均水位的计算

月、年平均水位的计算公式如下：

$$月平均水位 = \frac{月总数（即全月各日日平均水位之和）}{月总日数} \qquad (3-3)$$

$$年平均水位 = \frac{年总数（即全年各日日平均水位之和）}{年总日数} \qquad (3-4)$$

3. 各种保证率水位挑选

一年中有多少天的水位等于或高于某一水位，则此水位称为相应的保证率（历时）水位。在有航运的河道上较常用，应挑选各种指定保证率的日平均水位，如最高日平均水位，从高向低数的第 15 天、30 天、90 天、180 天、270 天的日平均水位及最低日平均水位，以便汇编时刊印。

二、流量观测

（一）流量测验的目的及意义

流量，从水力学角度讲，为单位时间内通过河渠或管道某一过水断面的水体体积，其单位以 m³/s 表示。同一过水断面上，流速在不同水深、不同平面位置的数值是不相等的，即断面各测点流速随水平及垂直方向位置不同而变化，而过水断面面积也不断地随水位变化。流量是反映河流水资源状况及水库、湖泊等水量变化的基本资料，是河流最重要的水文要素之一。流量测验的目的是获得江河径流和流量的瞬时变化资料。河流流量资料是一切涉水活动的重要决策依据，在防汛抗旱、水资源开发利用、水资源管理、水利工程规划设计和管理运行以及水环境保护中有着重要的作用，产生了巨大的社会和经济效益。

（二）流量测验方法

根据流量测验原理不同，测量流量的方法分为流速面积法、水力学法、化学法（稀释法）及直接法等。

1. 流速面积法

流速面积法（也称面积流速法）是通过实测断面上的流速和过水断面面积来推求流量的一种方法，此法应用最为广泛。根据测定流速的方法不同，又分为流速仪法、测量表面流速的流速面积法、测量剖面流速的流速面积法、测量整个断面平均流速的流速面积法。

（1）流速仪法。根据流速仪法测定平均流速的方法不同，又分为选点法（也称积点法）和积分法等。选点法是将流速仪停留在测速垂线的预定点即所谓的测点上，测定各点流速，计算垂线平均流速，进而推求断面流量的方法。目前，普遍用它作为检验其他方法测验精度的基本方法。积分法是流速仪以运动的方式测取垂线或断面平均流速的测速方法。

（2）测量表面流速的流速面积法。测量表面流速的流速面积法是通过先测量水面流速，再推算断面流速，结合断面资料获得流量成果。采用的方法有水面浮标测流法（简称浮标法）、电波流速仪法、光学流速仪法、航空摄影法等。

1）浮标法是通过测定水中的天然或人工漂浮物随水流运动的速度，结合断面资料及浮标系数来推求流量的方法，方法简单广为采用，但受风力影响，一般认为浮标法测验精度相对比流速仪法为低，但它简单、快速、易实施，只要断面和流速系数选取得当，仍是一种有效可靠的方法，特别是在一些特殊情况下（如暴涨、暴落、水流湍急、漂浮物多），该法有时是唯一可选的方法，也有些测站把它作为应急测验方法。

2）电波流速仪法是利用电波流速仪测得水面流速，然后用实测或借用断面资料计算流量的一种方法。电波流速仪是一种利用多普勒原理的测速仪器，也称为微波（多普勒）测速仪。由于电波流速仪使用电磁波，频率高，可达 10GHz，属微波波段，可以很好地在空气中传播，衰减较小，因此其仪器可以在岸上或桥上测，不必接触水体，即可测得水面流速，属非接触式测量，适合桥测、巡测和大洪水时其他机械流速仪无法实测时使用。

3）光学流速仪法测流有两种类型仪器，一种是利用频闪效应，另一种是用激光多普勒效应。

4）航空摄影法测流是利用航空摄影的方法对投入河流中的专用浮标、浮标组或染料等连续摄像，根据不同时间航测照片位置，推算出水面流速，进而确定断面流量的方法。

（3）测量剖面流速的流速面积法。测量剖面流速的流速面积法有声学时差法、声学多普勒流速剖面仪法等。

2. 水力学法

测量水力因素，选用适当的水力学公式计算出流量的方法，叫水力学法。水力学法又分为量水建筑物测流、水工建筑测流和比降面积法三类。其中，量水建筑物测流又包括量水堰、量水槽、量水池等方法，水工建筑物又分为堰、闸、洞（涵）、水电站和泵站等。

（1）量水建筑物测流法。在明渠或天然河道上专门修建的测量流量的水工建筑物叫量水建筑物。它是通过实验按水力学原理设计的，建筑尺寸要求准确，工艺要求严格，测量精度较高。

根据水力学原理知，通过建筑物控制断面的流量是水头和率定系数的函数。率定系数又与控制断面形状、大小及行近水槽的水力特性有关。系数一般是通过模型试验解出，特殊情况下也可由现场试验，通过对比分析求出。因此，只要测得水头，即可求得相应的流量（当出现淹没或半淹没流时除需要测量水头外，还需要测量其下游水位）。

量水建筑物的形式很多，外业测验常用的主要有两大类：一类为测流堰，包括薄壁堰、三角形剖面堰、宽顶堰等；另一类为测流槽，包括文德里槽、驻波水槽、自由溢流槽、巴歇尔槽和孙奈利槽等。

（2）水工建筑物测流法。河流上修建的各种形式的水工建筑物，如堰、闸、洞（涵）、水电站和抽水站等，不但是控制与调节江河、湖、库水量的水工建筑物，也可用作水文测验的测流建筑物。只要合理选择有关水力学公式和系数，通过观测水位就可以计算求得流量（当利用水电站和抽水站时，除了观测水位，还常需要记录水力机械的工作参数等）。利用水工建筑物测流，其系数一般情况下需要通过现场试验、对比分析获得，有时也可通过模型试验获得。

（3）比降面积法。比降面积法是指通过实测或调查测验河段的水面比降、糙率和断面面积等水力要素，用水力学公式来推求流量的方法。此法是洪水调查估算洪峰流量的重要方法。

3. 化学法

化学法又称为稀释法、溶液法、示踪法等。该法是根据物质不灭原理，选择一种合适于该水流的示踪剂，在测验河段的上断面将已知一定浓度量的指示剂注入河水中，在下游取样断面测定稀释后的示踪剂浓度或稀释比，由于经水流扩散充分混合后稀释的浓度与水流的流量成反比，由此可推算出流量。

4. 直接法

直接法是指直接测量流过某断面水体的容积（体积）或重量的方法，又可分为容积法（体积法）和重量法。直接法原理简单，精度较高，但不适用于较大的流量测验，只适用于流量极小的山涧小沟和实验室测流。

在以上介绍的多种流量测验方法中，目前最常用的方法是流速面积法，其中流速仪法被认为是精度较高的方法，是各种流量测验方法的基准方法。

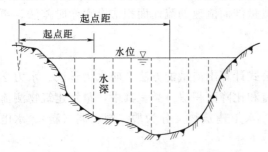

图 3-3　起点距及相应水深示意图

（三）流量测验步骤

1. 过水断面测量

过水断面测量是指测量各垂线起点距及相应水深，如图 3-3 所示。

起点距是指各垂线与岸边某一固定点的水平距离。测量方法有前方交会法、全球定位系统（GPS）定位法、断面绳索法。

施测断面各垂线起点距的相应水深测量实际上是水下地形测量。测量方法有：用测深杆、测深锤等测深器具测深，缆道悬索测深，超声波回声仪测深等。

2. 测速垂线布设

测速垂线应大致均匀分布，并能控制断面地形和流速沿河宽分布的主要折转点，无大补大割；主槽垂线应较河滩为密。测速垂线数目，用船施测时宜为 5～7 条，用缆道施测时宜为 7～9 条，特别宽阔或狭窄的河道可酌情增减，但不得少于 3 条。测速垂线的位置宜固定，当发生下列情况之一时，应调整或补充测速垂线：

（1）水位涨落或河岸冲刷，使靠岸边的垂线距岸边太远或太近时。

（2）断面上出现死水、回流，需确定死水、回水边界或回流流量时。

（3）河底地形或测点流速沿河宽分布有较明显变化时。

3. 采用选点法施测垂线平均流速时，测点的分布应符合下列规定：

（1）一条垂线上相邻两测点的最小间距不宜小于流速仪旋桨或旋杯的直径。

（2）测水面流速时，流速仪转子旋转部分不得露出水面。

（3）测河底时，应将流速仪下放至 0.9 相对水深以下，并应使仪器旋转部分的边缘离开河底 2～5cm。

（4）采用悬索悬吊测速时，应使流速仪平行于测点上当时的流向。

（5）每条测速垂线上布设的测点数由水深而定，水深浅，用一点法；水深大，用多点法。垂线的流速测点分布的位置应符合以下规定：

测点数　　相应水深位置（水面至测点的深度与实际水深的比值）

一点　　　0.6 或 0.5；

二点　　　0.2、0.8；

三点　　　0.2、0.6、0.8；

五点　　　0.0、0.2、0.6、0.8、1.0。

4. 测点流速测验方法

垂线及测点布设后，即可进行测点流速测验。将流速仪安装在悬吊设备上，并运送到垂线测点位置且平行于水流方向，待流速仪稳定后，即可用秒表计时测速，在规定的测速历时 T 内求得总转数 R，从而计算各测点流速。

（四）实测流量计算

1. 垂线平均流速计算

由测点流速计算垂线平均流速，不同测点数采用不同计算公式

一点法：
$$v_m = v_{0.6}$$

二点法：
$$v_m = (v_{0.2} + v_{0.8})/2$$

三点法：
$$v_m = (v_{0.2} + v_{0.6} + v_{0.8})/3 \tag{3-5}$$

五点法：
$$v_m = (v_0 + 3v_{0.2} + 3v_{0.6} + 2v_{0.8} + v_{1.0})/10$$

式中　　　　　　　v_m——垂线平均流速，m/s；

v_0，$v_{0.2}$，$v_{0.6}$，$v_{0.8}$，$v_{1.0}$——0、0.2、0.6、0.8、1.0 相对水深处的测点流速，m/s。

2. 部分面积计算

两测速垂线间面积称为部分面积，如图 3-4 所示，按梯形计算其面积，岸边按三角形计算面积。

$$A_i = \frac{d_{i-1} + d_i}{2} b_i \tag{3-6}$$

式中　A_i——第 i 部分面积，m²；

i——测速垂线或测深垂线序号，$i = 1、2、\cdots、n$；

d_i——第 i 条垂线的实际水深，m，当测深、测速没有同时进行时，应采用河

底高程与测速时的水位算出应采用水深；

b_i——第 i 部分断面宽，m。

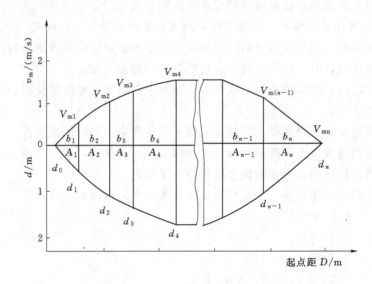

图 3-4 部分面积流量计算示意图

3. 部分面积平均流速计算

相邻两测速垂线间部分面积的平均流速，可取两测速垂线流速的平均值，即

$$v_i = (v_{m-1} + v_m)/2 \tag{3-7}$$

岸边部分平均流速为岸边第一条垂线平均流速乘以一个岸边流速系数求得

$$v_i = a \cdot v_m \tag{3-8}$$

式中　v_i——部分面积平均流速，m/s；

　　　v_m——测速垂线平均流速，m/s；

　　　a——岸边流速系数，一般斜岸取 $0.67 \sim 0.75$，陡岸取 $0.8 \sim 0.9$，死水边取 0.6，或根据试验资料确定。

4. 部分面积流量计算

$$q_i = \overline{v_i} A_i \tag{3-9}$$

式中　q_i——第 i 部分流量，m^3/s。

5. 断面流量计算

断面流量等于断面上所有部分面积流量之和，即

$$Q = \sum_{i=1}^{n} q_i \tag{3-10}$$

式中　Q——断面流量，m^3/s。

【例 3-3】 某一水文站施测流量，岸边系数 a 取 0.7，按上述方法计算流量，成果见表 3-3。

表3-3　　　　　　　　　　　某站测深、测速记录及流量计算表

施测时间：2000年5月10日8时00分至8时30分										流速仪牌号及公式：LS251型 $v=0.2557N/T+0.0068$					
垂线号数		起点距/m	水深/m	仪器位置		测速记录		流速/(m/s)			测深垂线间		断面面积/m²		部分面积流量/(m³/s)
测深	测速			相对水深	测点深度/m	总历时T/s	总转数N	测点	垂线平均	部分平均	平均水深/m	间距/m	测深垂线间	部分	
左水边		10.0	0.00							0.69	0.50	15	7.50	7.50	5.18
1	1	25.0	1.00	0.6	0.60	125	480	0.99	0.99						
										1.04	1.40	20	28.00	28.00	29.12
2	2	45.0	1.80	0.2	0.36	116	560	1.24	1.10						
				0.8	1.44	127	480	0.97							
										1.17	2.00	20	40.00	40.00	46.80
3	3	65.0	2.21	0.2	0.44	104	560	1.38	1.24						
				0.6	1.33	118	570	1.24							
				0.8	1.77	111	480	1.11							
										1.14	1.90	15	28.50	35.25	40.18
4		80.0	1.60												
											1.35	5	6.75		
5	4	85.0	1.10	0.6	0.66	110	440	1.03	1.03						
										0.72	0.55	18	9.90	9.90	7.13
右水边		103.0	0.00												
断面流量 128.4m³/s				断面面积 120.7m²			平均流速 1.06m/s				水面宽 93.0m			平均水深 1.30m	

三、泥沙观测

（一）泥沙测验的目的和意义

泥沙测验泛指河流或水体中泥沙随水流运动的形式、数量及其演变过程的测量以及河流或水体某一区段泥沙冲淤数量的计算，常指河流的悬移质输沙率、推移质输沙率、床沙测定以及泥沙颗粒级配的分析。认识了解泥沙的特性、来源、数量及其时空变化，以便兴利除害。流域的开发和国民经济建设，流域规划，水库闸坝、防洪工程、河道治理、灌溉供水工程的设计，以及水利工程的管理运行等工作，河道水库的冲淤评估，水土保持的评价、环境状况评估以及有关科学研究，评价自然环境、土壤、气候、地形、植被等的变化指标，评价土地利用、河道的冲淤变化，研究流域产沙量、河流含沙量、输沙量和粒径组成与变化，研究泥沙的淤积同泥沙粒径组成和水流条件的关系，研究泥沙的化学性质与水质及生物的关系等，都需要泥沙资料。

（二）泥沙运动状态分类

天然河流中的泥沙，按其是否运动可分为静止和运动两大类，根据运动状态可进一步分为床沙、悬移质、推移质。

（1）床沙。组成河床的泥沙称为床沙，床沙在河床表面处于相对静止的状态。

（2）悬移质。又称悬沙、悬移载荷、悬浮载荷，是指受水流的紊动作用，被水流挟带，而远离床面、悬浮于水中，随水流向前移动的泥沙。测验中常以观测悬移质输沙率作为量测和分析指标；悬移质输沙率是指在单位时间内通过河渠某一断面的悬移质质量，单位为 kg/s。

（3）推移质。又称床沙载荷、底载荷、推移载荷、牵引载荷，是指在河床表面，

3-2-2

泥沙观测

受水流拖曳力作用，沿河床以滚动、滑动、跳跃或层移方式运动的泥沙，在运动过程中与床面泥沙（简称床沙）之间经常进行交换。测验中，常以观测推移质输沙率来计量分析；推移质输沙率是指单位时间内通过河渠某一断面的推移质质量，单位用kg/s表示。推移质输沙率可以现场测量，也可根据理论或经验公式，用水力、泥沙因子资料来估算。

（三）悬移质泥沙测验仪器的分类

悬移质泥沙测验仪器分泥沙采样器和测沙仪两大类。

1. 泥沙采样器

泥沙采样器又分为瞬时式、积时式两种。泥沙采样器取样可靠，取得水样不仅可以计算含沙量，而且也可用于泥沙颗粒分析。泥沙采样器一般由人工操作，取得泥沙水样后，必须将采集的水样带回实验室进行处理计算后才能得到含沙量的数值。

2. 测沙仪

测沙仪一般具有直接测量和自记功能，可现场实时得到含沙量。根据其测量原理，测沙仪又分为光电测沙仪、超声波测沙仪、振动式测沙仪、同位素测沙仪、压力式等。

为了正确地测取河流中的含沙水样，必须对各种采样器测沙仪的工作原理、性能有所了解，通过合理使用，以测得正确的泥沙水样和含沙量。

（四）悬移质输沙率测验

1. 测验的目的

目前的泥沙测验技术水平，还无法实时直接测得通过河流某一断面的输沙率或断面平均含沙量过程。悬移质输沙率测验的目的在于测得通过测验断面悬移质输沙率，推求出断面含沙量（简称断沙），同时测得单样含沙量，以便建立（或检验已建立的）单样含沙量和断面含沙量关系（简称单断沙关系），在单样含沙量过程控制下，用于推求通过该断面各种时段的悬移质输沙量。

2. 测验的主要工作内容

（1）布置测速和测沙垂线，在各垂线上施测起点距和水深，在测速垂线上测流速，在测沙垂线上测量含沙量，测沙垂线应尽可能与测速垂线重合。

（2）观测水位、水面比降，如需作颗粒分析，应加测水温，并按要求取留水样。

（3）需要建立单断沙关系时，应采取相应的单样含沙量水样（简称单样）或直接测得含沙量。

（4）采用浮标法测流或采用全断面混合法测输沙率时，只在测沙垂线上采取水样或测含沙量。

3. 悬移质输沙率过程的推求

在进行流量测验时，在某些测点或垂线上同时实测含沙量，通过计算可获得输沙率。由于流量和含沙量测验需要一定的时间，这样获得的输沙率是一段时间内的平均值。因为输沙率随时间变化，要直接测得连续变化过程无疑是困难的。通常是利用输沙率（或断面平均含沙量）和其他水文要素建立相关关系，由其他水文要素变化过程的资料通过相关关系求得输沙率变化过程。施测断面输沙率的工作量大，而施测单样含沙量简单，因此常用施测单样含沙量以控制河流的含沙量随时间的变化过程。其方法是首先以较精确的方法，在全年施测一定数量的断面输沙率，建立相应的单断沙关系，可以由实测单沙过程资料，通过相关关系推求断沙过程，进而计算出全断面的悬移质输沙率过程和各种统计特征值。因此，悬移质测验的主要内容除测定流量外，还必须测定水流含沙量，开展悬移质输沙率测验和单沙测验。

（五）悬移质单样含沙量测验

1. 单样含沙量的概念与定义

单样悬移质含沙量（简称单沙，以往也有称单位含沙量）是断面上有代表性的垂线或测点的含沙量。

当用单断沙关系推算断沙的测站，应作单样含沙量测验。单样含沙量测验的目的是控制含沙量随时间的变化过程，通过单断关系推求断沙，结合流量资料推算不同时期的输沙量及特征值。

2. 一般规定

测取相应单沙时，应注意以下几点。

（1）取样时机。在水情平稳时取一次；有缓慢变化时，应在输沙率测验开始、终了时各取一次；水沙变化剧烈时，应增加取样次数，并控制转折变化。

（2）取样基本要求。取样位置、方法、使用仪器类型等都应与经常性的单沙取样相同，以不失去相应单沙的代表性。兼作颗粒分析的输沙率测次，应同时观测水温。

（3）单样含沙量测验方法应能使一类站单断沙关系线的比例系数在 $0.95\sim1.05$ 之间，二类、三类站在 $0.93\sim1.07$ 之间。

（4）单样兼作颗粒分析水样时，取样方法应满足代表断面平均颗粒级配的要求。当出现单颗比断颗显著偏粗或偏细时，应改进单样的取样方法，或另确定单颗取样方法。

3. 单样含沙量测验的主要工作内容

（1）观测基本水尺水位。观测方法与要求同水位观测。

（2）施测取样垂线的起点距。施测方法与要求同流量测验。

（3）施测或推算垂线水深。方法与要求同悬移质输沙率测验。

（4）按确定的方法取样。

（5）单样需作颗粒分析时，应加测水温。

（六）泥沙颗粒分析

1. 泥沙颗粒分析的意义及内容

泥沙颗粒级配是影响泥沙运动形式的重要因素，在水利工程的设计、管理，水库淤积部位的预测，异重流产生条件与排沙能力的分析，以及河道整治与防洪、灌溉渠道冲淤平衡与船闸航运设计和水力机械的抗磨研究工作中，都需要了解泥沙级配资料。泥沙颗粒分析是指确定泥沙样品中各粒径组泥沙量占样品总量的百分数，并以此绘制级配曲线的操作过程。泥沙颗粒分析有时简称为泥沙颗分。

泥沙颗粒分析的内容包括：悬移质、推移质及床沙的颗粒组成；在悬移质中要分析测点、垂线（混合取样）、单样含沙量及输沙率等水样颗粒级配组成并绘制颗粒级配曲线；计算并绘制断面平均颗粒级配曲线；计算断面平均粒径和平均沉速等。

2. 泥沙颗粒分析的一般规定

(1) 悬移质泥沙颗分的测次布置。泥沙颗分的目的是为掌握断面的泥沙颗粒级配分布及随时间的变化过程。常规的颗粒分析是：以单样含沙量的颗分测次（单颗），了解洪峰时期泥沙颗粒级配的变化过程，以便由单颗换算成断颗。输沙率颗分测次的多少，应以满足建立单颗断颗关系为原则，测次主要应分布在含沙量较大的洪水时期。

(2) 泥沙颗分取样方法。悬移质输沙率测验中，同时施测流速时，颗分的取样方法与输沙率的取样方法相同，即用选点法（一点法、二点法、三点法、五点法、六点法等），积深法，垂线混合法和全断面混合法等。输沙率测验的水样，可作为颗粒分析的水样。用选点法取样时，每点都作颗分，用测点输沙率加权求得垂线平均颗粒级配。再用部分输沙率加权，求得断面平均颗粒级配。

按规定所做的各种全断面混合法的采样方法，可作为断颗的取样方法，其颗分结果即为断面平均颗粒级配。

四、降水观测

3-2-3

降水与蒸发
观测

(一) 降水的定义

降水是大气中的水汽凝结后以液态水或固态水降落到地面的现象。降水是重要的气象要素，同时也是重要的水文要素。降水是地表水和地下水的来源，是水文循环的重要环节。无论气象部门，还是水文、农业、林业、交通等部门都开展降水观测。降水量观测，是了解流域水资源状况，发展农业、水利、林牧业、交通运输业，开展工矿建设、军事活动等所需要掌握的重要基础资料。一个地区的降水规律，也是其生态环境的重要标志，对经济发展有重要作用。

一定时段内从大气中降落到地面的液体降水与固体（经融化后）降水，在无渗透、蒸发、流失情况下积聚的水层深度，称为该地该时段内的降水量，单位为毫米（mm）。

(二) 降水观测的方法

我国是世界上对降水等天气现象观测最早的国家之一。1841 年起开始使用标准雨量器观测降雨。中华人民共和国成立后，开始应用虹吸式雨量计，且很快普及应用。20 世纪 80 年代开始，使用翻斗式雨量计。近年来称重式雨量计、光学雨量计、浮子式雨量计、雷达测雨系统等开始应用。目前，我国的雪量观测大都是人工进行，还很少使用雪量自动观测仪器。

测定降水量和降水强度的方法，除使用上述各种雨量器（计）、雪量计、量雪测具等测量的直接测定方法外，近年来使用雷达、卫星云图估算等开展间接测定的方法也逐步推广应用。使用雨量器（计）测量降水，雨量站网必须有一定空间密度、观测频次并及时传递资料。而雷达测雨具有覆盖面积大的优点，其有效半径一般为 200 多km，可提供一定区域上降雨量和降雨时空分布的资料。20 世纪 70 年代以来，天气雷达观测的降水资料已在很多国家的洪水预报警报和水资源管理上发挥了重要作用。气象卫星观测以其瞬时观测范围大，资料传递迅速的优点胜于雷达观测。

（三）降水观测的一般要求

1. 观测记录精度

降水量的计量单位是毫米（mm），其观测记载的最小量（以下简称记录精度）应符合以下规定：

（1）需要控制雨日地区分布变化的雨量站必须记至 0.1mm。

（2）蒸发站的降水量观测记录精度必须与蒸发观测的记录精度相匹配。

（3）不需要雨日资料的雨量站，可记至 0.2mm。

（4）多年平均降水量大于 800mm 的地区，可记至 0.5mm；多年平均降水量大于 400mm、小于 800mm 的地区，如果汛期雨强特别大，且降水量占全年 60％以上，亦可记至 0.5mm。

（5）多年平均降水量大于 800mm 的地区，也可记至 1mm。

2. 仪器选用

雨量站选用的仪器，其分辨力不应低于该站规定的记录精度，在观测记录和资料整理中，不能因采用估读或进舍的办法降低精度，而应和仪器的分辨力一致。

3. 降水资料整理

取得降水资料后应对资料进行整理，主要内容包括：编制汛期降水量摘录表；统计不同时段最大降水量；计算日、月、年降水量等。日降水量以 8 时为分界，即以昨日 8 时至今日 8 时的降水量作为昨日的日降水量。

五、蒸发观测

（一）蒸发的概念

蒸发有水面蒸发、土壤蒸发和植被蒸腾三类。水面蒸发是液体表面发生的汽化现象。通常情况下，流域或区域陆面的实际蒸发量是指地表处于自然湿润状态时来自土壤和植物蒸发的水总量。潜在蒸散量是指在给定气候条件下，覆盖整个地面且供水充分的成片植被蒸发的最大水量的能力。因此，它包括在给定地区、给定时间间隔内的土壤蒸发和植被蒸腾。由定义可知，无论是实际蒸发或是潜在蒸散量都难以准确的观测获得，因此在科学研究和实际工程中，多观测水面蒸发量。水面蒸发是水库、湖泊等水体水量损失的主要部分，也是研究陆面蒸发的基本参证资料。蒸发在水资源评价、产流计算、水平衡计算、洪水预报、旱情分析、水资源利用等方面都有重要作用。水利水电工程和用水量较大的工矿企业规划设计和管理，也都需要水面蒸发资料。

水面蒸发量也称蒸发率，其定义为单位时间内从单位（水）表面面积蒸发的水量，通常表示为单位时间内从全部（水）面积上所蒸发的液态水的相当深度。单位时间一般为 1d，水量用深度表示，单位为 mm，也可用 cm 表示。根据仪器的精密程度，通常测量的准确度为 0.10mm。

（二）水面蒸发的主要观测仪器

用于水面蒸发量的人工观测仪器有 E601 型、E601B 型蒸发器和 20cm 口径蒸发器。用玻璃钢制造的 E601B 型水面蒸发器已成为水文、气象部门统一使用的标准水面蒸发器。20cm 口径蒸发器用于冰期蒸发量观测。在 E601B 型蒸发器基础上生产的自动蒸发器已经应用于生产中。

（三）逐日蒸发量的计算

日蒸发量计算以每日 8 时为日分界。前一日 8 时至次日 8 时观测的蒸发量，应为前一日的蒸发量。正常情况下日蒸发量计算公式：

$$E = P + (h_1 - h_2) \tag{3-11}$$

式中　　E——日蒸发量，mm；

　　　　P——日降水量，mm；

　　h_1、h_2——上次和本次的蒸发器内水面高度，mm。

在降雨时，如发生溢流，则应从降水量中扣除溢流水量。未设置溢流桶，在暴雨前从蒸发器中汲出水量时，则应从降水量中减去取出水量。

第三节　水文自动测报系统

一、水文自动测报系统的定义

水文自动测报系统，是指应用传感、遥测、通信、计算机和网络技术，完成流域和测区固定及移动站点的水文、水资源、气象等要素的实时采集、传输和处理的信息系统。一般由遥测站、信道和接收处理中心站组成，并通过中心站计算机网络与其他系统进行信息交换。

二、水文自动测报系统的发展

在自动测报技术投入应用以前，水文资料的收集全靠少量人工观察，水文站和雨量站通过电报或有线电话进行信息的传送。这不仅由于人力及自然环境的限制，观测站点稀，信息量少，而且由于当时通信手段落后，信息传输时效性差，不能满足防洪调度和水资源管理等应用的要求。美国和日本是世界上较早重视自动测报技术开发和应用的国家。随着工业化进程的加快，20 世纪 60 年代，日本和美国就已经开始水文自动测报技术的研究和开发，其产品于 70 年代后期逐渐成熟并进入国际市场。1976年美国 SM 公司在美国陆军工程师团的资助下，与美国国家气象局合作研制的一套水文自动测报设备是这个时期有代表性的产品。20 世纪 80 年代以来，由于自动测报设备的不断完善，数据传输方式的多元化及其可靠性的增加，以及微机技术、预报调度理论和软件的进一步发展，水文自动测报和防洪调度自动化技术在世界范围内得到广泛的应用。

三、我国水文自动测报技术

我国水文自动测报技术的开发研制始于 20 世纪 70 年代中期。在过去 40 多年的发展历程中，我国水文自动测报系统的建设和技术有了巨大的进步。在不同的历史时期，所建系统快速采集的数据，为防汛调度决策和水资源管理提供了依据和参考，发挥了很好的作用。回顾我国水文自动测报系统的发展历程，大体上可分为五个阶段，即起步初创阶段、实践总结研制定型阶段、推广应用及实用化阶段、数字信息网络化阶段和智慧水务应用阶段。

进入 21 世纪后，开始研制多种新型的自动水文遥测站，这些水文遥测站的共同点是在嵌入式计算机的平台上融入了专家知识和云计算平台，对水文观测数据具有分析、比较、推理、判断等人工智能的功能，用于观测数据实时质量控制和水文条件分析等，可称智慧型水文遥测站。

四、水文自动测报系统设计

（一）水文自动测报系统设计主要内容

水文自动测报系统设计的主要内容包括：现场查勘和资料收集；通信网选择；工作模式选择；制定实现系统功能要求及达到技术指标的措施；制定各组成部分间的接口标准与数据编码格式；主要设备选型和配套部件及其专用软件研制方案；遥测站设计；中心站设计；中继站设计；信息共享与联网设计；系统可靠性设计，包括系统可靠性和数据安全设计；供电、防雷与接地的设计；土建工程设计。

（二）系统功能及主要技术指标

1. 功能

水文自动测报系统功能主要包括：准确可靠地采集和传输水文信息及相关信息；将数据写入数据库和实现信息资源共享；对数据进行统计计算处理，生成相应的报表和查询结果；系统主要工作状态的监测；对数据进行处理，提供符合整编要求的水文资料；对于有水文预报要求的系统其数据处理应满足水文预报的相关要求等。

2. 主要技术指标

主要技术指标包括：系统应满足在 10min 内完成一次本系统内实时数据收集、处理和转发的要求；数据传输信道误码率、数据传输速率、系统采集的水文、气象等要素或信息值或量的精度、系统可靠性和设备可靠性；系统设备正常运行的温湿度条件等。

（三）水文自动测报系统设计

水文自动测报系统由遥测站、中心站、中继站或集合转发站组成。

1. 遥测站

遥测站主要由传感器、遥测终端、通信设备、供电设备及防雷设施等组成。遥测站能自动采集水文气象要素、工情信息等数据，可实现数据的固态存储；能实现固态存储数据现场或远程提取；宜提供现场数据显示/站点参数设置功能。

2. 中心站

中心站包括硬件设备和软件系统。硬件设备包括：通信设备、通信控制机、中心计算机、数据存储设备、网络及安全设备、电源、运行环境设备和其他配套设备。软件系统包括：系统应用软件、操作系统软件、数据库软件及工具软件等系统配套软件。无论系统规模大小，都应配备实现遥测数据接收、处理、入库，水情信息交换，信息查询和统计计算，以及硬拷贝输出等功能要求的相应设备。

在 GPRS、CDMA、3G、4G 等通信方式中，中心站一般都通过网络进行数据接收，因此中心站并不配置专用通信设备和通信控制机。某些场合下，当需要采用短信备用、北斗备用通信时，中心站需配置短信猫或北斗终端等通信设备。

3. 中继站或集合转发站

在超短波通信中使用，其作用是为遥测站与中心站之间建立中继通信链路。中继站，是为解决超短波信道组网因路径损耗太大、信号微弱或地形影响，在遥测站与中心站之间设立用于转发中心站指令和遥测站数据信号的接力站。集合转发站，是系统中具有接受处理若干个遥测站数据并合并传送至某中心站功能的一种数据中转站。中继站接收到数据帧，甄别后立即转发，不存储。集合转发站对接收到的遥测站数据存储，并根据转发要求，重新打包、批量转发至中心站。

中继站主要由遥测中继终端、通信设备、供电设备及防雷设施等组成；集合转发站除具有遥测中继站设备外，还可具有卫星小站或 GPRS 等网络通信设备、计算机处理或显示存储设备、交直流电源系统等。

4．系统联网

水文自动测报系统联网主要包括系统中心站之间及其与省级、流域机构、水利部中心之间的互连。系统联网应优先选用已建的专用通信网和公用通信网等现有信道组网，并应充分考虑与已建系统的信息共享。

此外，水文自动测报系统还应进行防雷接地设施设计、供电电源设计、土建设计等。

第四节　水文调查及水文资料收集

一、水文调查

水文调查是为弥补基本水文站网定位观测不足或其他特定目的，采用勘测、观测、调查、考证、试验等手段采集水文信息及其有关资料的工作。水文调查是水文测验工作的组成部分，是掌握水文情况、搜集水文资料的重要环节。水文站网的定位观测工作是目前搜集水文资料的主要途径，但定位观测受到时间、空间的限制，往往不能收集完整的水文资料，满足不了经济建设的要求。只有定位观测与水文调查相结合，才能使定位观测的水文资料还原其本来面貌，延长实测暴雨和洪枯水资料的年限，增加系列代表性，使水文资料更加系统完整，以满足防汛抗旱减灾、水资源开发利用、水利水电建设等经济社会建设的需要；同时，对基本站勘测设站、了解流域雨洪特征均具有重要作用。

（一）调查的步骤

（1）明确任务，确定勘查原则；编制预算，组织人力物力，拟定工作计划。

（2）搜集资料，编制调查大纲，准备必要仪器工具及用品。①收集的资料包括：地形图、水准点位置及高程、水利规划资料、交通情况、附近水文站资料等。②调查大纲包括：调查的目的要求、原则、范围、内容、方法及所需资料、图表、数据等。③仪器工具用品包括：各种测绘仪器、文具、图表等。

（3）进行调查访问，实地搜集资料、文献；开展现场测量及观测。

（4）整理调查分析资料，编写调查报告并附相关图表。

（二）现场调查内容与方法

现场调查内容包括当年特大洪水的发生时间，洪水总量、洪峰流量及相应的暴雨量，泥沙情况，河道、断面情况等。河道决口、水库溃坝的洪水总量、洪峰流量及相应时间，决口、溃坝后的水流情况等。

到达调查地区后，应依靠当地政府机关，向其汇报调查工作目的意义，请他们协助解决调查中的有关问题，介绍有关情况。具体方法如下：

（1）深入调查访问。向有关技术人员或居民进行调查访问。请熟悉情况的人召开座谈会等形式，共同回忆，互相启发，彼此印证，以求得比较正确的结论。

（2）向有关部门和人员搜集有关的调查资料。可向防汛、交通、乡镇等部门及人员搜集有关水文资料。

（3）野外调查和测量。了解各河段顺直情况、河床、断面、河滩情况，中间有无支流、分流等。

（三）水文调查分类及工作内容

水文调查可分为流域基本情况调查、水量调查、洪水和暴雨调查、枯水调查、专项调查 5 类。下面主要对洪水、暴雨、枯水的调查作简单介绍。

1. 洪水调查

洪水调查是为推算某次洪水的洪峰水位和流量、总量、过程及其重现期等所进行的现场调查和资料收集工作。洪水调查中，对历史上大洪水，有计划组织调查；当年特大洪水，应及时组织调查；对河道决口、水库溃坝等灾害性洪水，力争在情况发生时或情况发生后较短时间内，进行有关调查。

（1）洪水调查的标准。当基本站具有下列情况之一者应进行调查：①发生的洪水在历史洪水中排前三位者；②发生超过 50 年一遇洪水；③漏测实测系列的最大洪水；④河堤决口、分洪滞洪影响洪峰和洪量。⑤中型以上水库溃坝洪水。⑥其他情况是否进行调查，由有关主管单位自定。

（2）洪水调查的内容。应调查洪水痕迹，洪水发生时间，测量洪水痕迹的高程；了解调查河段的河槽情况；了解流域自然地理情况；测量调查河段的纵横断面；必要时应在调查河段进行简易地形测量；并对调查成果进行分析，推算洪水总量、洪峰流量、洪水过程及重现期，分析调查成果的合理性、评定可靠程度，最后编写调查报告。

（3）推算洪峰流量的方法：

1）水位-流量关系法。若调查河段附近有基本站，区间无较大支流加入，可利用该水文站实测的水位流量关系曲线并将其延长至洪痕高程，以求得历史洪水的洪峰流量。

2）比降面积法。若附近没有水文站，当调查河段顺直、洪痕点较多、河床稳定时，可用比降面积法推算，即近似地按明渠均匀流公式推求洪峰流量 Q_m：

$$Q_m = \frac{1}{n} A R^{2/3} J^{1/2} \tag{3-12}$$

式中　　A——最高水位时的过水断面面积，m^2；

　　　　R——相应的水力半径，m；

　　　　J——水面比降，用上下断面洪痕点的高差除以两断面间沿河间距而得，一般认为有 3 个以上洪痕点决定的比降才比较可靠；

n——糙率，应根据历史洪水发生时的河道情况，查水力学手册确定。

3）其他方法推算洪峰流量。当调查河段较长，洪痕点分散，沿程河底坡降和横断面有变化，水面线较曲折的情况下，可用水面曲线法计算。若河道下游有卡口、急滩、堰闸等，可用相应的水力学法计算。

2. 暴雨调查

暴雨调查是为查明有关地区暴雨的暴雨量、时程分配、空间分布、天气系统、灾情、重现期等所进行的调查工作。在以降水为洪水成因的地区，洪水的大小总是与暴雨的大小相联系的。暴雨的调查资料往往对洪水调查成果起旁证作用。因此，在进行洪水调查时，也都需要进行暴雨调查。另外，暴雨调查还可为水工建筑物的设计、暴雨等值线图的修正提供重要依据。

（1）暴雨调查的标准。当具有下列情况之一者应进行调查：①点暴雨（含10min、1h、6h、24h、3d 等各种历时和次暴雨量）超过 100 年一遇；②基本站洪水超过 50 年一遇的相应面暴雨。

（2）暴雨调查的主要内容。包括：调查暴雨成因、暴雨量、暴雨起讫时间（历时）、暴雨的变化过程及前期雨量情况、暴雨的走向及当时主要风向风力的变化；确定暴雨中心数值（暴雨量）的可靠程度及重现期。

（3）调查成果汇总评价。暴雨调查最后要对暴雨中心发生的时间、地点、暴雨量、雨区范围、降雨过程、重现期等，作出定性和定量的分析、合理性检查及可靠程度评定，最后编写调查报告。

3. 枯水调查

枯水调查是对未实测到的河流最低水位和最小流量进行的调查工作。枯水时的水位和流量是水文计算中不可缺少的资料，对灌溉、水力发电、航运、给水等工程的规划设计、管理工作都有重要意义。

（1）枯水调查河段选择。应选在河道顺直、河槽稳定、水流集中处，如有石梁、急滩、卡口、急弯时，应选在其上游的附近；且调查河段应尽量靠近居民点。枯水调查常与洪水调查同时进行，基本方法相似。

（2）枯水调查分类。枯水调查可分为当年枯水调查和历史枯水调查。当河流发生历年某时段最低、次低水位，或最小、次最小流量时，应进行当年枯水调查。历史枯水调查可按需要进行。

（3）枯水流量推算方法。

1）调查河段有实测水位流量资料时，可用实测水位流量关系曲线低水延长法、上下游流量相关法、流量退水曲线法推算枯水流量。

2）调查河段没有实测水位流量资料时，可用水文比拟法、降雨径流模型法，推算枯水流量；或根据调查流域的旱灾情况，按相似流域的相应枯水年估算枯水流量。

枯水调查最后要对枯水流量等成果进行合理性检查和可靠程度评定，并编写调查报告。

总之，水文调查要注意反复核实，多方论证，去伪存真，客观分析，如实反映情况。

二、水文资料收集

水文资料是指各种水文要素的测量、调查、记录及其整理分析成果的总称，是水文分析计算的依据。因此在进行水文分析计算前，应尽可能收集有关水文资料，使资料更加充分。收集水文资料可借助于水文年鉴、水文手册和水文图集、水文数据库等。

1. 水文年鉴

水文年鉴是国家重要的基础水信息资源，也是水文部门向社会提供水文资料的主要形式。水文年鉴是指按照统一的要求和规格并按流域水系统一编排卷册逐年刊印的水文资料。我国所有基本水文站的水文资料，以水文年鉴形式逐年刊布。按流域分卷，每卷又依河流或水系分册，共分10卷75册（表3-4）；全部卷册构成一个整体，统一命名为《中华人民共和国水文年鉴》（以下简称《水文年鉴》）。《水文年鉴》全部基本资料按统一的技术要求进行整编，即按照《水文资料整编规范》要求进行整编，按照《水文年鉴汇编刊印规范》要求进行汇编刊印。《水文年鉴》内容包括编印说明，测站分布图，水文站基本信息一览表，正文部分刊布水位（含潮水位）、流量、泥沙、水温、冰凌、降水量、蒸发量等资料。

表3-4　　　　　　　　全国各流域《水文年鉴》卷、册表

卷号	流域	册数	卷号	流域	册数
1	黑龙江	5	6	长江	20
2	辽河	4	7	浙闽台	6
3	海河	7	8	珠江	10
4	黄河	8	9	藏南滇西国际河流	2
5	淮河	7	10	内陆河湖	6

如果需要使用近期尚未刊布的水文资料或查阅原始观测记录，可向有关流域机构或水文部门收集。《水文年鉴》中未刊布的专用站的水文资料，需要时应向主管部门索取。

2. 水文手册和水文图集

《水文年鉴》仅刊布各基本水文站的资料，对于面广量大的中小型水利工程常遇到水文资料短缺的情况。为此，各地区水文部门在分析研究和综合历年地区性水文资料的基础上，编制了地区性的水文手册。

水文手册是汇集气象、水文要素资料，经过统计、分析和地区综合，将水文计算有关参数和特征值以图、表、公式等形式给出，供用户查算的实用手册。水文图集是表示各种水文要素和水文特征值时空分布的专业图集。各地区水文部门编制有地区水文手册和各种水文图集，它是在分析研究该地区所有水文站资料的基础上编制出来的，载有地区各种水文特征值等值线图及计算各种径流资料特征值的地区经验公式等。利用水文手册和水文图集可以估算缺乏实测水文观测资料地区的水文特征值。

此外，各水利水文部门编辑刊印的洪水调查资料、可能最大暴雨资料及水资源调查评价资料，亦可供分析应用。

3. 水文数据库

水文数据库是指用计算机贮存、管理和检索水文资料的系统。它是国家四大基础数

据库之一的自然资源和空间地理基础信息库的核心部分，是水文数据的重要载体。水文数据库是一项涉及多方面的现代化系统工程，它综合运用了水文资料整编技术、计算机网络技术和数据库技术，是集水文信息存储、检索、分析、应用于一体的工作方式和服务手段。水文数据库可为防汛抗旱、水利工程建设、水资源管理、水环境保护、水土保持及国民经济建设与社会发展的各个领域提供直观准确的历史及实时水文资料。

建设水文数据库的主要目的是有效管理水文数据并实现数据资源共享、应用与服务，发挥水文资料的基础性和支撑性作用。随着水利现代化和信息化的发展，经济社会对水文数据的共享服务能力提出更多、更高、更新的应用需求。国家建设的水文信息共享平台，正是一个集水文信息加载、审核、发布、查阅、检索、系统管理、即时通信等功能于一体的强大的水文信息共用平台。水文信息共享平台通过将内、外部信息采集、处理，储存在服务器中，供政府机构及有关单位共享使用，是用户储存、查阅、共享水文信息的重要工具。

第五节　水文资料整编和"三性"审查

一、水文资料整编

水文测站观测所得的资料是"原始资料"，且多数原始资料只能代表观测时的瞬时情况，有时还会出现中断、缺测情况，因此都必须经过水文资料整编。水文资料整编就是将水文测站测得的原始资料，按照科学方法和统一规格进行考证、整理、分析、统计、审查、汇编，提炼成系统、完整、具有一定精度的整编成果，并正式刊布供国民经济各部门使用。在资料整编工作过程中，还可以发现水文测验工作中存在的问题，以及上、下游站之间、相邻站之间存在的问题，从而进行校正，不断总结提高测验和站网方面的工作水平。

本节主要介绍流量资料整编，它在水情预报、水资源量、水体纳污能力、生态蓄水量计算以及流域综合规划等都必不可少，是水文资料整编的一项重要内容。其核心是建立水位与流量关系、流量变化与时间关系。主要工作环节有两个：定线和推流。定线就是根据实测流量资料率定出与流量关系密切的水文要素之间的关系；推流就是采用水文要素和率定的关系推求流量。

1. 水位流量关系分析

一个水文测站的水位流量关系，是指测站基本水尺断面处的水位与通过该断面的流量之间的关系。天然河流中的水位与流量间关系可分为稳定的和不稳定的两类。

（1）稳定的水位流量关系曲线。指在一定条件下水位和流量之间呈单一关系，即同一水位只有一个相应的流量（图 3-5）。

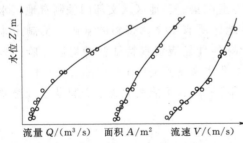

图 3-5　稳定的水位流量关系曲线

图 3-5 中，纵坐标是水位，横坐标

是流量，点绘的水位流量关系点据比较密集，没有系统偏离，这时即可通过点群中心定一条单一线，用于推求流量。作图时，在同一张图纸上依次点绘水位流量、水位面积、水位流速关系曲线，并用同一水位下的面积与流速的乘积，校核水位流量关系曲线中的流量，使误差控制在±2%～±3%。以上三条曲线比例尺的选择，应使它们与横轴的夹角分别近似为 45°、60°、60°，且互不相交。所定的单一水位流量关系一般还要进行符号检验、适线检验、偏离数值检验，三项检验均通过才能用此单一曲线推算流量。

（2）不稳定的水位流量关系曲线。指测验河段受断面冲淤、洪水涨落、变动回水或其他因素的个别或综合影响，使水位流量间的关系不呈单一关系。造成水位流量关系不稳定的原因如下：

1）洪水涨落影响。洪水波在河道中传播时，属于不稳定流，产生了附加比降。当涨水时，水面比降较稳定流时的水面比降大，同一水位的流量也就增大；退水时，流量则减小，致使一次洪水过程的水位流量关系曲线依时序形成一逆时针方向的绳套曲线（图 3-6）。此时可按涨落过程定线，然后由水位推求流量。

2）断面或河槽冲淤影响。当河床受冲时，断面面积增加，同一水位的流量变大；当河床受淤时，断面面积减少，同一水位的流量变小（图 3-7）。若冲淤时段有规律，水位流量关系能保持稳定状态，则可分别确定不同时段的水位流量关系曲线，从各自相应时段的水位流量关系曲线上由水位推求流量。

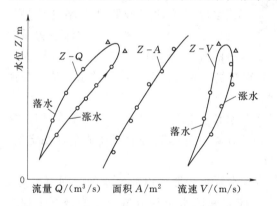

图 3-6　受洪水涨落影响的水位流量关系曲线

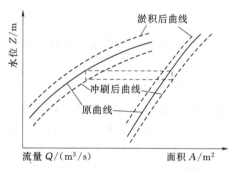

图 3-7　受冲淤影响的水位流量关系曲线

3）变动回水影响。由于测流断面下游的干支流涨水、下游闸门关闭及结冰等影响，引起回水顶托，致使水面比降发生变化。回水顶托严重，水面比降变得愈小，同水位的流量较稳定流时减少愈多。所以受回水顶托影响的水位流量关系点据偏向稳定的水位流量关系曲线的左边（图 3-8）。在这种情况下可以比降为参数定出一组水位流量关系曲线备用。

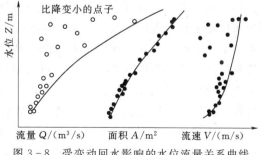

图 3-8　受变动回水影响的水位流量关系曲线

当水位流量关系受以上因素或多种因素混合影响而连续变化时，一般采用"连时序法"确定水位流量关系曲线。连时序法就是按实测流量点子的时间顺序来连接水位流量关系曲线，连成的曲线往往成绳套型（逆时针或顺时针）。该法要求测流次数较多，能反映水位流量关系变化的转折点，依照测点的时序，可从曲线上推出各个时期的流量。

2. 水位流量关系曲线的延长

测流时，本应在整个水位变幅内布置测次，但由于高水时历时短、流速大，枯水时水浅、流速小，施测困难，未能测得洪峰流量和枯水流量，这时必须将水位流量关系曲线进行高低水延长，方能推得全年完整的流量过程。高低水延长成果的合理性及精度值，影响规划设计工作，必须保证有一定的精度，一般要求高水外延部分不超过当年实测流量所占水位变幅的30%，低水外延部分不超过10%。以下简要介绍稳定的水位流量关系进行高低水延长的几种常用方法。

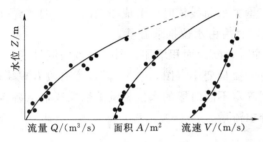

图3-9　用水位面积、水位流速关系曲线延长

（1）水位面积与水位流速关系高水延长。适用于河床稳定，水位面积、水位流速关系点集中，曲线趋势明显的测站。高水时的水位面积关系曲线可以根据实测大断面资料绘制所需延长部分的水位面积关系曲线，然后再将水位流速曲线按照其上端的趋势外延（图3-9）。一般，水位流速关系曲线的高水部分接近直线。最后根据延长部分的各级水位的流速与相应面积的乘积得流量，并定出延长部分的水位流量关系曲线。

（2）用水力学公式高水延长。该法可避免水位面积与水位流速关系高水延长中，水位流速顺趋势延长的任意性，用水力学公式计算出外延部分的流速值来辅助定线。包括曼宁公式外延法和斯蒂文斯（Stevens）法。

（3）水位流量关系曲线的低水延长法。低水延长一般是以断流水位，即流量为0时的相应水位为控制，作曲线的低水延长。应以断流水位和流量为0的坐标为控制点，将水位流量关系曲线向下延长至需要的水位处。

3. 其他常用推流方法

（1）连实测流量过程线法。前述整编方法适用于水位流量间相关性较好的测站，但当水位流量相关程度较低、关系较复杂时，难以采用水位流量关系定线的测站，目前水文资料整编中较为常用的是采用连实测流量过程线法进行整编。该方法将实测流量值与时间点绘关系线（图3-10），推流时可按时间在曲线上内插流量。这种方法适用于流量测次较多、单次流量测验精度较高、基本上能控制流量的变化过程。尤其是水位起伏变化大，而流量变化平缓的站更适宜采用。

（2）流量自动监测资料整编方法。该方法主要应用于水位流量关系复杂、紊乱，常规流量监测手段无法满足流量资料整编要求的情况。流量自动监测的仪器设备形式

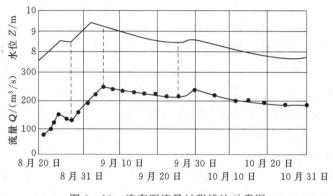

图 3-10 连实测流量过程线法示意图

多样，但资料整编的思路大体都是根据指标流速推算的断面流量，以推算的断面流量作为实测流量，再按实测流量过程线法应用于测站流量资料整编。

4. 日平均流量的计算

当流量变化平稳时，可用日平均水位在水位流量关系线上推求日平均流量；当一日内流量变化较大时，则用逐时水位推求得逐时流量，再按算术平均法或面积包围法求得日平均流量。据此计算逐月平均流量和年平均流量。

二、水文资料审查

水文计算所用到的资料系列一般有降水、径流、洪水、泥沙系列等。资料系列包括年统计量，不同时段年最大、最小统计量，年固定时段统计量等。这些资料系列应具有可靠性、一致性和代表性，即通常所说的水文资料的"三性"分析。资料系列的可靠性是水文计算成果精度的重要保证，水文计算时应审查所用资料，以保证资料正确、可靠；资料系列的一致性是指在观测和调查期内，产生各年水文资料的流域和河道的产流、汇流条件无根本变化，如上游修建了水库或发生堤防溃决、河流改道等事件，明显影响资料的一致性时，需将资料换算到统一基础上，使其具有一致性；资料系列的代表性是指现有资料系列的统计特性能否很好反映总体的统计特性。

（一）资料系列的可靠性审查

水文计算成果的精度取决于基本资料情况及其可靠程度，故在水利水电工程的规划设计中，必须对所用到的水文资料的可靠性、合理性进行检验。特别随着人类活动的影响增大，对水文特性的影响也越来越大。一般而言，不同设计阶段对基本资料复核的要求是不一样的，如规划阶段基本上直接采用刊印本资料，设计阶段则应对所采用的资料全面审查复核，这时如不对水文基本资料进行较为全面的复核分析及综合审查，并作出适当的处理，将使水文计算的成果产生偏差，直接影响到各种规划设计的可靠性。当设计断面及邻近河段缺乏水文资料时，为使成果合理，应根据工程及水文计算要求，尽早设立水文站（水位站）或增加测验项目，分析或检验水文计算成果。

（二）资料系列的一致性审查

采用数理统计方法进行水文分析计算的前提是要求统计系列具有一致性，即要求组成系列的每个资料具有同一成因。不同成因的资料不得作为一个统计系列。降水系列因受人为因素影响较小，具有随机特性，一般满足一致性要求。径流、洪水资料只有在未受人类活动影响、河流处于天然状态时才能满足一致性要求。因此，径流、洪水计算应采用天然径流系列。当径流、洪水受人类活动影响较小或影响因素较稳定，径流、洪水形成条件基本一致时，径流计算也可采用实测系列。当人类活动影响显著时（如上游修建了水库或发生堤防溃决、河流改道等），应进行资料一致性改正，主要包括径流系列的还原计算和洪水资料的还原计算。

（三）资料系列的代表性审查

1. 降水系列代表性分析

降水系列常具有连续若干年的偏丰期或偏枯期交替出现的现象。如系列短，其中各种量级的雨量的出现频率与该地区长期资料所反映的雨量频率分布有一定出入，则该短期系列缺乏代表性。

降水代表性分析是选择若干资料系列较长、数据可靠、代表性较好的站点或地区进行年降水系列代表性分析，以了解所采用降水量的丰、枯情况，不同长度系列统计参数的稳定性、丰、枯交替变化以及地区的分布等。年降水量的代表性分析主要包括降水量多年变化幅度分析和降水量丰枯分析。

（1）降水量多年变化幅度分析。表示降水量多年变化幅度的方法有 4 种：极值比法、变差系数法、距平法、趋势法。以下主要介绍极值比法和距平法。

1）极值比法。

$$K_m = \frac{P_{max}}{P_{min}} \tag{3-13}$$

式中　K_m——极值比；

P_{max}——某降水量系列的最大值，mm；

P_{min}——某降水量系列的最小值，mm。

2）距平法。距平是指某年的降水量与多年平均值的差值，可正可负。

$$\Delta P_i = P_i - \overline{P} \tag{3-14}$$

式中　ΔP_i——距平值，mm；

P_i——降水系列值，mm；

$\overline{P}$——系列均值，mm。

为了减小变化幅度可用距平百分数表示：

$$\Delta_i(\%) = \frac{P_i - \overline{P}}{\overline{P}}$$

（2）降水量丰枯分析。

1）差积曲线分析。所谓差积曲线分析，即距平累积法，通常有两种方法，一为降水深度距平累积法：

$$G_m = \sum_{i=1}^{m}(P_i - \overline{P}) \tag{3-15}$$

式中　G_m——第 m 年的距平累积值，mm。

另一种表示方法为降水量模数距平累积法

$$H_m = \sum_{i=1}^{m}(K_i - 1) \tag{3-16}$$

其中

$$K_i = \frac{P_i}{\overline{P}} \tag{3-17}$$

式中　H_m——第 m 年 $\sum(K_i-1)$ 的累积值；

　　　K_i——第 i 年的模比系数。

2）滑动平均分析。滑动平均法一般取实测系列的 3 点（或 5 点或 7 点）的平均值，然后从第 2 点开始取 3 点平均值，再从第 3 点开始取 3 点平均值，直至最后 1 点。经过这样处理的系列可过滤小的数据波动，突出趋势变化，反映丰、枯段及其演变趋势。

2. 径流系列代表性分析

径流计算要求系列能反映径流多年变化的统计特性，较好地代表总体分布。系列代表性分析指设计依据站径流系列对其总体的代表性分析。由于总体是未知的，一般来说，系列越长，样本代表性越好，抽样误差越小。径流系列代表性分析方法主要如下：

（1）当设计依据站径流系列较长时，直接分析该站系列代表性。可采用滑动平均、均值、变差系数、累积均值曲线等分析。也可通过对系列的差积曲线变化、时间序列分析等，了解该系列是否包含一个或几个完整的周期，以及丰、平、枯和连丰、连枯径流组成等，评价该系列代表性。

（2）当设计依据站径流系列较短，而上下游或邻近地区参证站径流系列较长时，可在邻近地区选取与设计依据站水文气象和下垫面条件相似、有长系列径流资料的参证站，分析其相应时段系列的代表性，并分析两站间的径流丰、枯变化规律。如参证站系列代表性好，且与设计依据站径流丰、枯变化规律大致接近，即认为设计依据站的径流系列也具有代表性。

3. 洪水系列代表性分析

洪水系列代表性，一般是指系列能否反映洪水总体统计特性的程度。一个代表性较好的洪水系列应比较均匀地包含各种量级的洪水，这样才能较好地代表总体，避免频率分析成果的系统偏差。但是，对于水文观测系列来说，真正的总体是很难知道的，通常只能通过一些旁证判断短系列样本的代表性。

洪水系列代表性分析，可根据资料条件采用下列途径：

（1）通过设计依据站的历史洪水分析系列的代表性。增加洪水系列的信息量，历史洪水调查、考证和分析、估计等，都是提高洪水系列代表性的重要途径。

（2）通过邻近站长期资料分析设计依据站系列的代表性。如，甲站仅有近 20 年实测资料，乙站有近 50 年资料。经过历史洪水调查，两站近百年发生的首几位大洪水年份基本一致，故可认为两站的关系较密切；又经分析，乙站系列具有一定代表性，则可以利用乙站 50 年实测资料与甲站 20 年实测资料进行统计参数分析，若两者统计参数接近，则可认为甲站的 20 年资料也具有代表性。

课 后 扩 展

一、选择题

1. 根据测站的性质，水文测站可分为 〔 〕。

a. 水位站、雨量站　　　　　　　　　　b. 基本站、雨量站

c. 基本站、专用站　　　　　　　　　　d. 水位站、流量站

2. 对于测验河段的选择，主要考虑的原则是 〔 〕。

a. 在满足设站目的要求的前提下，测站的水位与流量之间呈单一关系

b. 在满足设站目的要求的前提下，尽量选择在距离城市近的地方

c. 在满足设站目的要求的前提下，应更能提高测量精度

d. 在满足设站目的要求的前提下，任何河段都行

3. 基线的长度一般 〔 〕。

a. 愈长愈好　　　　　　　　　　　　　b. 愈短愈好

c. 长短对测量没有影响　　　　　　　　d. 视河宽 B 而定，一般应为 $0.6B$

4. 目前全国水位统一采用的基准面是 〔 〕。

a. 大沽基面　　　b. 吴淞基面　　　c. 珠江基面　　　d. 黄海基面

5. 当一日内水位较大时，由水位查水位流量关系曲线以推求日平均流量，其水位是用 〔 〕。

a. 算术平均法计算的日平均水位　　　b. 12 时的水位

c. 面积包围法计算的日平均水位　　　d. 日最高水位与最低水位的平均值

6. 我国计算日平均水位的日分界是从 〔 〕 时。

a. 0～24　　　　b. 8～8　　　　c. 12～12　　　　d. 20～20

7. 水道断面面积包括 〔 〕。

a. 过水断面面积　　　　　　　　　　b. 死水面积

c. 过水断面面积和死水面积　　　　　d. 大断面

8. 一条垂线上测三点流速计算垂线平均流速时，应施测相对水深为 〔 〕 处的流速。

a. 0.2、0.6、0.8　　　　　　　　　　b. 0.2、0.4、0.8

c. 0.4、0.6、0.8　　　　　　　　　　d. 0.2、0.4、0.6

9. 用流速仪施测某点的流速，实际上是测出流速仪在该点的 〔 〕。

a. 转速　　　　　b. 水力螺距　　　c. 摩阻常数　　　d. 测速历时

10. 进行水文调查的目的 〔 〕。

a. 使水文系列延长一年　　　　　　　b. 提高水文资料系列的代表性

c. 提高水文资料系列的一致性　　　　d. 提高水文资料系列的可靠性

二、判断题

1. 水文测站所观测的项目有水位、流量、泥沙、降水、蒸发、水温、冰凌、水质、地下水位、风等。〔 〕

2. 水文测站可以选择在离城市较近的任何河段。〔 〕

3. 决定河道流量大小的水力因素有水位、水温、水质、泥沙、断面因素、糙率和水面比降等。[ ]

4. 根据不同用途，水文站一般应布设基线、水准点和各种断面，即基本水尺断面、流速仪测流断面、浮标测流断面及上、下辅助断面、比降断面。[ ]

5. 基本水文站网布设的总原则是在流域上以布设的站点数越多越密集为好。[ ]

6. 水文调查是为弥补水文基本站网定位观测的不足或其他特定目的，采用其他手段而进行的收集水文及有关信息的工作。它是水文信息采集的重要组成部分。[ ]

7. 水位就是河流、湖泊等水体自由水面线的海拔。[ ]

8. 自记水位计只能观测一定时间间隔内的水位变化。[ ]

9. 水位的观测是分段定时观测，每日 8 时和 20 时各观测一次（称 2 段制观测，8 时是基本时）。[ ]

10. 我国计算日平均水位的日分界是从当日 8 时至次日 8 时；计算日平均流量的日分界是从 0 时至 24 时。[ ]

11. 水道断面指的是历年最高洪水位以上 $0.5 \sim 1.0$ m 的水面线与岸线、河床线之间的范围。[ ]

12. 水道断面面积包括过水断面面积和死水面积两部分。[ ]

13. 当测流断面有死水区，在计算流量时应将该死水区包括进去。[ ]

14. 不管水面的宽度如何，为保证测量精度，测深垂线数目不应少于 50 条。[ ]

15. 用流速仪测点流速时，为消除流速脉动影响，每个测点的测速历时愈长愈好。[ ]

16. 一条垂线上测三点流速计算垂线平均流速时，应从河底开始，分别施测 $0.2h$、$0.6h$、$0.8h$（h 为水深）处的流速。[ ]

17. 对于含沙量的测定，为保证测量精度，一般取样垂线数目不少于 10 条。[ ]

18. 暴雨调查就是调查历史暴雨。暴雨调查的主要内容有暴雨成因、暴雨量、暴雨起讫时间、暴雨变化过程及前期雨量情况、暴雨走向及当时主要风向风力变化等。[ ]

19. 天然河道中的洪水受到河槽冲刷时，水位流量关系点据偏向稳定的水位流量关系曲线的左边；当河槽淤积时，水位流量关系点据偏向稳定的水位流量关系曲线的右边。[ ]

20. 天然河道中的洪水受到洪水涨落影响时，流速与同水位下稳定流相比，涨水时流速增大，流量也增大；落水时流速减小，流量也减小。一次洪水过程的水位流量关系曲线依时序形成一条逆时针方向的绳套曲线。[ ]

21. 天然河道中的洪水受到变动回水的影响时，与不受回水顶托影响比较，同水位下的流量变小，受变动回水影响的水位流量关系点据偏向稳定的水位流量关系曲线的右边。[ ]

22. 天然河道中的洪水受到水生植物和结冰影响时，水位流量关系点据的分布，总的趋势是偏向稳定的水位流量关系曲线的左边。〔 〕

23. 水位流量关系曲线低水延长方法中的断流水位为流量最小时的水位。〔 〕

24. 改进水文测验仪器和测验方法，可以减小水文样本系列的抽样误差。〔 〕

三、问答题

1. 什么是水文测站？其观测的项目有哪些？

2. 什么是水文站网？水文站网布设测站的原则是什么？

3. 观测水位的常用设备有哪些？

4. 什么是流量？测流量的方法有哪些？

5. 如何利用流速仪测流的资料计算当时的流量？

6. 何为水质监测站？根据设站的目的和任务，水质监测站可分为几类？

第四章 水 文 统 计

本章学习的内容和意义：本章应用数理统计的方法寻求水文现象的统计规律，在水文学中常被称为水文统计，包括频率计算和相关分析。频率计算是研究和分析水文随机现象的统计变化特性，并以此为基础对水文现象未来可能的长期变化作出在概率意义上的定量预估，以满足水利水电工程规划、设计、施工和运行管理的需要。相关分析又叫回归分析，在水利水电工程规划设计中常用于展延样本系列以提高样本的代表性。

4-0 ▶
水文统计的基本任务

第一节 随机变量及概率分布

一、水文现象的统计规律

水文现象是一种自然现象，在它本身的发生、发展和演变过程中，包含着必然性的一面，也包含着偶然性的一面。由于水文循环，各项水文要素有一定周期性变化是其必然性，但它同时还受到其周围许多不定因素的影响，使其实际出现的数量和时间及空间千差万别。例如，河流某断面每年一定会出现一个最大的洪峰流量，这是其必然性，但其具体发生时间和洪峰流量的大小是无法知道的，又使其具有一定的偶然性。这种具有偶然性的现象，叫作随机现象，所以水文现象是随机现象。对随机现象而言其偶然性和必然性是辩证统一的，而且偶然性本身也有其客观规律，通过对大量的水文资料的分析研究，可以发现有其内在的规律。如某地区年降雨量是一种随机现象，但由长期观测资料可知，其多年平均降雨量是一个比较稳定的数值，特大或特小的年降雨量出现的年份较少，中等的降雨量出现的年份则较多。随机现象的这种规律性，只有大量地观察同类随机现象并进行统计分析，才能看出来。随机现象所遵循的规律，叫作统计规律。概率论和数理统计就是研究随机现象统计规律的方法论。我们把应用数理统计的原理，研究水文现象变化规律的方法叫做水文统计。

4-1-1 ▶
随机变量及其统计参数

水文统计的任务包括两方面：一是对实测资料进行分析，并用各种特征值和图表表示其变化规律；二是在了解水文要素变化规律的基础上，对设计工程所在流域未来短期、中期或长期的水文情势进行概率意义下的定量预估，以满足工程规划、设计、施工以及运行管理期间的需要。

水文统计的基本方法和内容具体有以下三点：

（1）根据已有的资料（样本）进行频率计算，推求指定频率的水文特征值。

（2）研究水文现象之间的统计关系，应用这种关系延长、插补水文特征值和作水文预报。

（3）根据误差理论，估计水文计算中的随机误差范围。

二、概率和随机变量的频率分布

1. 事件

在日常生活中我们会遇到各种各样的试验，如科学种田试验、导弹发射试验等。在概率论中有这样几种试验：①可以在相同的条件下重复进行；②每次试验的可能结果不止一个，并且事先知道试验所有可能出现的结果或范围；③每次试验之前无法确定究竟哪种结果会出现。如掷硬币、掷骰子、摸扑克牌等均是如此。具有这种特性的试验称为随机试验。随机试验的结果叫事件，事件可以是数量性质的，即试验结果可直接测量或计算得出，例如，某地年降水量的数值，投掷骰子的点数等。事件也可以是表示某种性质的，例如，天气的风、雨、云、晴，出生婴儿的性别等。事件可以分为三大类。

（1）必然事件。某一事件在试验结果中必然发生，这种事件称必然事件。例如，天然河流中洪水来临时水位上升是必然事件。

（2）不可能事件。在试验之前，可以断定不会发生的事件称为不可能事件。例如，河流在天然状态下，洪水来临时发生断流就是不可能事件。

（3）随机事件。某种事件在试验结果中可以发生也可以不发生，这样的事件就称为随机事件。例如，通过河流断面的年径流量，今后某年究竟是多少数值，它可能较大，也可能较小，事先不能确定，它属于随机事件。

2. 概率

在研究随机事件时，要求各次试验中的基本条件保持不变，否则试验结果的变化将不是单由随机因素所引起的随机变化。随机事件在试验结果中可能出现也可能不出现，但其出现（或不出现）可能性的大小则有所不同。为了比较这种可能性的大小，必须赋予一种数量标准，这个数量标准就是事件的概率。

例如，投掷一枚硬币，投掷一次的结果不是正面就是反面，正面（或反面）可能的数量标准均为 1/2，这个 1/2 就是出现正面（或反面）事件的概率。

又如，各有下列 6 张扑克，分别求摸到 A 的概率：

A、2、3、4、5、6——摸到 A 的概率为 1/6；

A、A、3、4、5、6——摸到 A 的概率为 2/6；

A、A、A、4、5、6——摸到 A 的概率为 3/6；……

从上面的例子中可以看出，摸到 A 事件的概率可用公式表示为

$$p(A) = \frac{m}{n} \tag{4-1}$$

式中　$p(A)$——在一定条件下随机事件 A 的概率；

　　　　n——在试验中所有可能结果总数；

　　　　m——在试验中有利于 A 事件的可能结果总数。

因为有利于事件 A 的可能结果总数是介于 0 与 n 之间，即 $0 \leqslant m \leqslant n$，所以 $0 \leqslant p(A) \leqslant 1$，对必然事件 $m = n$，$p(A) = 1$；对不可能事件 $m = 0$，$p(A) = 0$

式（4-1）是用来计算简单随机事件的概率，即试验的所有可能结果都是等可

能的，我们把这种类型称为"古典概型事件"。当我们遇到非"古典概型事件"时就不能用式（4-1）计算事件发生的概率，只能通过多次试验来估计概率，即频率问题。

3. 频率

设随机事件 A 在 n 次试验中实际出现了 m 次，比值 m/n，叫作事件 A 在 n 次试验中出现的频率，即

$$p(A) = \frac{m}{n} \tag{4-2}$$

当试验次数 n 不多时，事件的频率很不稳定，如掷硬币试验，在 10 次试验中，正面朝上可能出现 2 次也可能出现 8 次，但当试验次数无限增多时，事件（正面朝上）的频率就明显地呈逐步稳定的趋势。以前曾有人做过掷硬币的试验 4040 次、12000 次和 24000 次，分别统计正面出现的次数为 2048 次、6019 次和 12012 次，相应频率为 0.5080、0.5016 和 0.5005。可见，随着试验次数的增多，频率越来越接近于事件的概率 0.5，即频率接近于概率。这种频率稳定的性质，是从观察大量随机现象所得到的最基本的规律之一。所以在试验次数足够大的情况下，可以把频率作为事件概率的近似值。对于水文现象，自古迄今以至将来从不间断，无法用式（4-1）计算其概率，只能将有限年份的实测水文资料，当成多次重复试验的结果，用式（4-2）推求频率作为概率的近似值。

从上面可以看出，频率与概率既有区别又有联系。概率是个理论值；频率是个具体数，是经验值。对于古典概型事件，试验中可能出现的各种情况，其概率事先都可以计算出来。但是对于复杂事件，试验中可能出现的各种情况，事先是算不出其概率的，只有根据试验结果计算频率，用频率代替其概率。

4. 随机变量及其频率分布

数学上把不可知的量叫作变量，用 x 表示。随机试验的结果事先是未知的，我们把它叫作随机变量。随机变量的所有取值的全体，称为总体。从总体中任意抽取的一部分称为样本，样本的项数称为样本容量。水文现象的总体通常是无限的，它是自古迄今以至未来的所有水文系列，而其样本是指有限时期内观测到的资料系列。显然，水文随机变量的总体是不知道的，目前设站所观测到的几十年甚至是上百年的水文资料只不过是总体中的一小部分，一个很有限的样本。既然样本是总体中的一部分，那么样本的特征在一定程度上（或部分地）反映了总体的特征，所以我们可以借助样本来掌握总体的规律，这就是利用已有水文资料来推断总体或预估未来水文情势的依据。但样本毕竟只是总体中的一部分，不能完全代表总体的情况，其中存在着一定的差别。这种差别我们把它叫作抽样误差。

水文中所讲的频率通常是指随机变量大于或等于某一固定值这一随机事件的频率，即累积频率。比如，某河流断面一洪峰流量的频率 $p=5\%$，表示该断面发生大于或等于此洪峰流量的可能性为 5%。我们将随机变量的取值与其频率之间的对应关系称为随机变量的频率分布，可以用表格和图形来表示。

【例4-1】 已知某站1917—1980年共64年的年降水量资料（表4-1），试分析该样本系列的频率分布规律。

表4-1　　　　　　　　　　　　某站1917—1980年的年降水量

年份	年降水量/mm	年份	年降水量/mm	年份	年降水量/mm	年份	年降水量/mm	年份	年降水量/mm
1917	412	1930	332	1943	409	1956	721	1969	526
1918	843	1931	609	1944	629	1957	478	1970	629
1919	634	1932	712	1945	537	1958	657	1971	461
1920	404	1933	541	1946	346	1959	812	1972	495
1921	679	1934	895	1947	521	1960	564	1973	321
1922	743	1935	456	1948	949	1961	579	1974	565
1923	611	1936	779	1949	446	1962	360	1975	551
1924	512	1937	554	1950	556	1963	419	1976	750
1925	212	1938	579	1951	326	1964	307	1977	576
1926	503	1939	877	1952	665	1965	692	1978	662
1927	575	1940	580	1953	570	1966	507	1979	381
1928	501	1941	269	1954	533	1967	519	1980	539
1929	523	1942	591	1955	702	1968	547		

解：（1）将年降雨量分组并统计各组的次数和累积次数。拟定分组的组距 $\Delta x = 100mm$ 统计结果列于表4-2中的①、②、③、④栏。

表4-2　　　　　　　　　　　　某站年降水量分组频率计算表

序号	年降水量分组 $\Delta x=100/mm$	各组出现次数/年	累积出现次数/年	各组频率 $p(x_i)/\%$	累积频率 p /%
①	②	③	④	⑤	⑥
1	900～999	1	1	1.6	1.6
2	800～899	4	5	6.3	7.9
3	700～799	6	11	9.4	17.3
4	600～699	10	21	15.6	32.9
5	500～599	25	46	39.0	71.9
6	400～499	9	55	14.1	86.0
7	300～399	7	62	10.9	96.9
8	200～299	2	64	3.1	100.0
	总计	64		100.0	

（2）计算各组出现的频率和累积频率。各组频率用公式 $p(A)=\dfrac{m}{n}$ 计算，并用百

分数表示。比如第一组（900～999mm）的频率为 $p(900 \leqslant x \leqslant 999) = \frac{1}{64} = 1.6\%$，第二组（800～899mm）的频率为 $p(800 \leqslant x \leqslant 899) = \frac{4}{64} = 6.3\%$，……将计算结果填入表中第⑤栏。

表中累积次数的含义是降水量大于或等于某一个数值出现的次数。累积频率就是降水量大于或等于某个数值出现的频率，可表示为 $p(x \geqslant x_i) = \frac{m}{n}$，式中 m 为累积次数，计算结果填入表中第⑥栏。

（3）绘图。由表4-2中的第②栏和第⑤栏绘成的年降水量频率分布直方图，如图4-1所示，当表4-2中的年降水量资料无限增多时，频率趋近于概率，年降水量分组的组距无限缩小，则频率分布直方图就会变成光滑的曲线，我们把它称为频率密度曲线或频率分布曲线。

由表4-2中第②栏和第⑥栏绘出的累积频率阶梯图如图4-2所示，当资料无限增多时，变成一条S形的曲线，称为累积频率曲线，如图4-2所示。特别需要注意的是，在水文计算中习惯上将累积频率称作频率。

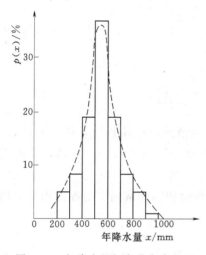

图4-1 年降水量频率分布直方图

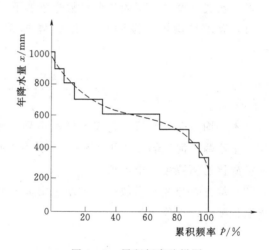

图4-2 累积频率阶梯图

4-1-2 ▶

概率、频率
与重现期

5. 频率与重现期

频率是概率论中的一个概念，比较抽象，在水文中通常用重现期来代替它。所谓重现期是指某随机变量在长时期过程中平均多少年出现一次，即"多少年一遇"，用 N 表示。例如，某随机变量大于或等于某值的频率 $p = 1\%$，表示该随机变量平均100年可以出现1次，即重现期 $N = 100$ 年，称"100年一遇"。

频率与重现期的关系由于情况不同有两种表示方法：

（1）在防洪、排涝研究暴雨、洪水时，一般的设计频率 $p < 50\%$，其重现期

$$N = \frac{1}{p}$$

（4-3）

例如，某水库大坝设计洪水的频率 $p=2\%$，则重现期 $N=50$ 年，称 50 年一遇，即出现大于或等于此频率的洪水，在长时期内平均 50 年遇到一次。若超过该洪水时，则不能确保工程的安全。

(2) 在灌溉、发电、供水规划设计时，需要研究枯水问题。一般其设计频率 $p>50\%$，则水文变量小于某值，即枯水事件发生的频率为 $1-p$，其重现期为

$$N=\frac{1}{1-p} \tag{4-4}$$

例如，为保证灌区供水，某灌区的设计依据为径流大于或等于某一值的频率 $p=90\%$，则径流小于该值，灌区用水遭到破坏，即枯水事件发生的频率为 $1-90\%$，故这一值所对应的枯水的重现期 $N=10$ 年，表示平均 10 年中有 1 年供水不足，其余 9 年用水可以得到保证。因此灌溉、发电、供水规划设计时，常把所依据的径流频率称为设计保证率，即兴利用水得到保证的概率。

6. 随机变量的统计参数

数学中的图形位置可由不同参数决定。同样，频率曲线的形状、位置也可由不同参数决定。水文要素的统计参数，反映了水文系列的统计规律，表现了频率曲线的形状，现将水文计算中常用的几个参数介绍如下。

(1) 算术平均数。设随机变量的样本系列为 $x_1, x_2, \cdots, x_n$，则其算术平均数为

$$\overline{x}=\frac{x_1+x_2+\cdots+x_n}{n}=\frac{1}{n}\sum_{i=1}^{n}x_i \tag{4-5}$$

算术平均数简称均值，它表示样本系列的平均情况，反映系列总体的平均水平。比如，甲乙两条河流的多年平均流量分别为 $1500\mathrm{m}^3/\mathrm{s}$ 和 $400\mathrm{m}^3/\mathrm{s}$，显然，甲河流域的水资源比乙河流域要丰富得多。

(2) 均方差与变差系数。均方差 σ 用来表示均值相同的系列中的各值相对于均值的离散程度。计算公式为

$$\sigma=\sqrt{\frac{\sum_{i=1}^{n}(x_i-\overline{x})^2}{n-1}} \tag{4-6}$$

如甲系列为：3、4、5、6、7；乙系列为：2、3、4、6、10。则 $\overline{x_{甲}}=5$，$\overline{x_{乙}}=5$。经过计算 $\sigma_{甲}=1.58$；$\sigma_{乙}=3.16$。可见 $\sigma_{甲}<\sigma_{乙}$，说明甲系列的离散程度小，乙系列的离散程度大。

变差系数 C_v 用来衡量均值不同的系列的离散程度。计算公式为

$$C_v=\frac{\sigma}{\overline{x}}=\frac{1}{\overline{x}}\sqrt{\frac{\sum_{i=1}^{n}(x_i-\overline{x})^2}{n-1}} \tag{4-7}$$

如乙系列为：2、3、4、6、10；丙系列为 103、104、105、106、107。则 $\overline{x_乙}=5$，$\overline{x_丙}=105$。

经过计算 $C_{v乙}=3.16$；$C_{v丙}=1.58$。可见 $C_{v乙}>C_{v丙}$，说明丙的离散程度小，乙系列的离散程度大。

（3）偏差系数 C_s 又称偏态系数，它是反映系列中各值在均值两侧对称程度的一个参数。计算公式为

$$C_s=\frac{\sum\limits_{i=1}^{n}(x_i-\overline{x})^3}{(n-3)\overline{x}^3 C_v^3} \qquad (4-8)$$

样本系列中各值在均值两侧对称分布时，$C_s=0$，称为正态分布。若 $C_s>0$，称为正偏，它表示随机变量大于均值的可能性比小于均值的可能性小。反之，$C_s<0$，称为负偏。水文现象大多属正偏分布。

7. 抽样误差

式（4-5）～式（4-8）计算出来的都是样本的统计参数，用它来表示总体的统计参数必然会产生一定的误差。这种由随机抽样而引起的误差，称为抽样误差。根据实践经验和误差理论，样本统计参数的抽样误差一般随样本的均方差、变差系数和偏差系数的增大而增大；随样本容量的增大而减小。所以在进行水文分析计算时，一般要求样本容量要有足够长度。

第二节　经验频率曲线和理论频率曲线

一、经验频率曲线

经验频率曲线是根据某一水文要素的实测资料，计算出样本各数值 x_i 对应的累积频率 p_i（经验频率），点绘相应的坐标点（p_i，x_i），这些点据称为经验点据，过点群中心绘制一条光滑的累积频率曲线，在水文上称为经验频率曲线。它的缺点是曲线的形状会因人而异，另外，由于样本系列长度有限，据此点绘的经验频率点据会集中在常遇频率的范围内，反映不出极小和极大频率的分布情况，因缺乏足够点，延长时随意性很大。

经验频率的估算在于对样本序列中的每一项取值，估算其对应的频率。目前我国水文计算上广泛采用的是经修正后的频率计算公式：

$$p=\frac{m}{n+1}\times 100\% \qquad (4-9)$$

式中　p——随机变量大于或等于某值的经验频率；

　　　m——系列按由大到小排序时，各随机变量对应的序号；

　　　n——样本容量。

【例 4-2】 选用某站有代表性的 1952—1985 年降水量资料，计算并绘制该站年降水的经验频率曲线。

4-2　▶
频率曲线计算

解：按式（4-9）计算得到该站各年降水量的经验频率（表4-3），并将其点绘在普通坐标纸上，然后目估点群中心绘制经验频率曲线，如图4-3所示。

表4-3　　　　　　　　　　某站年降水量的经验频率计算表

年份/年	年降水量 x_i/mm	序号 m	排列后的 x_i/mm	p/%	年份/年	年降水量 x_i/mm	序号 m	排列后的 x_i/mm	p/%
1952	538	1	875	2.9	1969	519	18	547	51.4
1953	502	2	834	5.7	1970	407	19	539	54.3
1954	653	3	779	8.6	1971	834	20	538	57.1
1955	634	4	751	11.4	1972	589	21	532	60.0
1956	553	5	702	14.3	1973	621	22	522	62.9
1957	539	6	653	17.1	1974	580	23	519	65.7
1958	522	7	634	20.0	1975	576	24	517	68.6
1959	875	8	621	22.9	1976	779	25	515	71.4
1960	505	9	609	25.7	1977	609	26	508	74.3
1961	517	10	605	28.6	1978	547	27	505	77.1
1962	508	11	589	31.4	1979	605	28	502	80.0
1963	501	12	580	34.3	1980	562	29	501	82.9
1964	751	13	576	37.1	1981	702	30	459	85.7
1965	459	14	562	40.0	1982	559	31	434	88.6
1966	434	15	559	42.9	1983	557	32	428	91.4
1967	532	16	557	45.7	1984	515	33	390	94.3
1968	379	17	553	48.6	1985	428	34	355	97.1

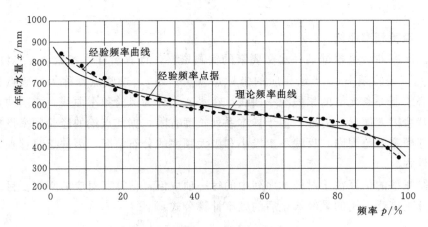

图4-3　某站的年降水量频率曲线

二、理论频率曲线

数学中我们知道坐标系中的曲线或图像可以用数学方程表示，所以频率曲线也可以用数学方程式表示。用数学方程式表示的频率曲线称"理论频率曲线"。

所谓理论频率曲线不是说水文现象的总体概率分布规律已从物理意义上被证明并能够用数学方程式严密地表示，而是这种数学方程式的特点能够与频率曲线规律较好地配合。所以它只是进行水文分析的数学工具，以达到规范和延长经验频率曲线的作用，并不能说明水文现象的本质。

在数理统计中，用数学方程式表示的频率曲线有多种，我国常用的有皮尔逊Ⅲ型曲线简称P-Ⅲ。它的方程比较复杂，其中包含三个统计参数，即均值 $\overline{x}$、变差系数 C_v 和偏差系数 C_s。为了能在实际工作中运用P-Ⅲ分布，可以通过变量转换，根据拟定的值进行积分，并将成果制成专用表格，见附录1和附录2。

为了简便计算各种 p 对应的 x_p 值，经数学推导得出如下公式

$$x_p = (1 + C_v\Phi_p)\overline{x} = k_p\overline{x} \tag{4-10}$$

式中　Φ_p——离均系数，与 p 和 C_s 有关；

k_p——模比系数，与 p、C_s 和 C_v 有关，$k_p = \dfrac{x_p}{\overline{x}}$

当已知 C_s，不同 p 时对应的 Φ_p 可查附录1，再用式（4-10）计算 x_p。当给出 C_s 和 C_v 的倍比关系时，可查附录2，得不同 p 时对应的 k_p，再用式（4-10）计算 x_p。选用 Φ_p 和 k_p 的计算结果相同，可根据需要查表。

【例 4-3】　用表 4-3 的年降水量资料计算并绘制该站年降水量的P-Ⅲ型理论频率曲线。

解：由表 4-3 年降水量资料计算得到，$\overline{x} = 570$mm，$C_v = 0.18$，$C_s = 0.3$。选取不同的频率 p，由式（4-10）计算得出相应的年降水量 x_p。见表 4-4。依此绘制的P-Ⅲ型理论频率曲线如图 4-3 所示。

表 4-4　　　　　　　　　　　某站年降水量理论频率曲线计算表

$p/\%$	0.5	1	2	5	10	20	50	75	90	95	99
Φ_p	2.86	2.54	2.21	1.73	1.31	0.82	-0.05	-0.7	-1.24	-1.55	-2.1
$x_p/$mm	863	831	797	747	704	654	565	498	443	411	355

如图 4-3 所示，理论频率曲线和经验频率曲线并不吻合。

频率曲线点绘在等分格的普通坐标纸上，两端陡峭，曲度较大，难以外延，查用时误差也大。为了克服这个缺点，将等分格的横坐标改为中间密两边疏的不均匀分格，表示累积频率，这种坐标纸叫机率格纸（或海森机率格纸），其横坐标分格见附录3。

第三节　配　线　法

一、配线法的定义和注意事项

1. 配线法的定义

理论频率曲线是否能用于工程设计，视它能否与经验频率曲线较好的吻合而定。由上述内容可知由统计参数唯一确定的P-Ⅲ型理论频率曲线的线型反映了随机变量的频率分布。但是理论和经验表明，由式（4-5）～式（4-8）计算的样本统计参数抽样误差较大，相应的P-Ⅲ型理论频率曲线也不能很好地反映总体的概率分布，所以生产上通常采用调整样本的统计参数及其相应的P-Ⅲ型理论频率曲线来拟合样本的

经验点据，将与经验点据配合最好的理论频率曲线近似地作为总体的概率分布，对应的统计参数作为总体的最佳统计参数。据此在水文学中我们以经验频率点为依据，选择某一线型的理论频率曲线，调整其参数，使理论频率曲线与经验频率点据相配合，这种计算方法称为适点配线法，简称适线法。

2. 注意事项

在配线过程中，如配合不好，主要是样本系列算出的 C_s 误差偏大，可调整 C_s 和 C_v 的倍比值。必要时，可适当调整 C_v 甚至 $\bar{x}$ 值。为了避免调整参数的盲目性，需要了解统计参数 $\bar{x}$、C_v、C_s 对 P-Ⅲ型曲线形状和位置的影响。

（1）$\bar{x}$ 对 P-Ⅲ型曲线的影响。当 C_v 和 C_s 不变时，曲线形状不变，$\bar{x}$ 变化主要影响曲线的高低。均值增大，曲线统一升高；反之，曲线统一下降，如图 4-4 所示。

（2）C_v 对 P-Ⅲ型曲线的影响。当 $\bar{x}$ 和 C_s 不变时，C_v 变化主要影响曲线的陡缓程度。C_v 越大，则曲线越陡。即左端部分上升，右端部分下降；$C_v=0$ 时，曲线变成一条 $k=1$ 的水平直线，如图 4-5 所示。

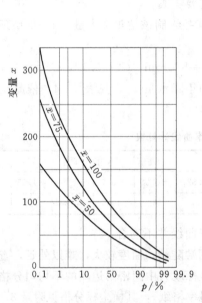

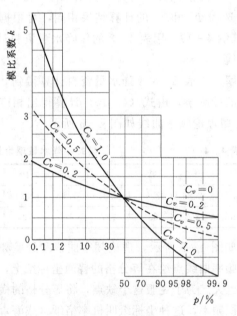

图 4-4　$\bar{x}$ 对 P-Ⅲ型曲线的影响　　　　图 4-5　C_v 对 P-Ⅲ型曲线的影响

（3）C_s 对 P-Ⅲ型曲线的影响。当 $\bar{x}$ 和 C_v 不变时，在 $C_s>0$（正偏）的情况下，C_s 主要影响曲线的弯曲程度。C_s 增大时，曲线变弯，即两端上翘，中间下凹；当 $C_s=0$ 时，曲线变成一条直线，如图 4-6 所示。

二、配线法的计算步骤

1. 计算并点绘经验点据

将水文样本资料从大到小排队，用式（4-9）计算各值的经验频率，然后在海森机率格纸上点绘经验点据（纵坐标为变量取值，横坐标为对应的经验频率）。

2. 估算统计参数初值

根据样本资料系列，计算 $\bar{x}$ 和 C_v，作为适线的初值。至于 C_s，由于公式计算抽样误差很大，一般不用公式计算，而是根据经验选定 C_s 与 C_v 的倍比值。

3. 适线

由统计参数初值 $\overline{x}$、C_v、C_s，查附录 1 或附录 2，按式（4－10）计算并绘制 P-Ⅲ 型曲线，判断该曲线与经验点配合情况。若配合良好，则表明该线就是所求频率曲线；若配合不好，调整统计参数，再次适线，直至曲线与经验点配合最佳为止。

因为 $\overline{x}$ 的计算误差相对较小，主要是调整 C_v 和 C_s/C_v。

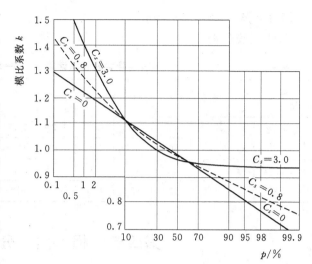

图 4－6 C_s 对 P-Ⅲ 型曲线的影响

最后把配合最好的频率曲线作为采用曲线。

【例 4－4】 资料同 [例 4－2]，试求 $p=2\%$，50%，90% 的设计年降水量 x_p。

解：（1）计算样本系列的经验频率，见表 4－3，并将其点绘在机率格纸上，如图 4－7 所示。

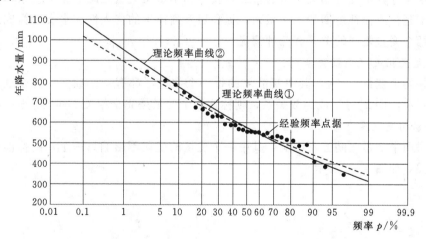

图 4－7 某站降水量适线法频率计算图

（2）计算样本系列的统计参数，$\overline{x}=570\text{mm}$，$C_v=0.18$。

（3）适线，用均值 $\overline{x}=570\text{mm}$，$C_v=0.2$，取 $C_s/C_v=2.0$，作为初值，进行适线，如图 4－7 中的①线，可见与经验点配合不好，主要原因是 C_v 偏小。将 C_v 调整到 0.24，再适线，如图 4－7 中的②线，与经验点配合较好。②线即为所求的理论频率曲线。

（4）从②线上，查出各设计年降水量为：$p=2\%$，$x_{2\%}=884\text{mm}$；

$p=50\%$，$x_{50\%}=559\text{mm}$；

$p = 90\%$，$x_{90\%} = 405\text{mm}$。

以上适线过程见表 4 - 5。

表 4 - 5　　　　　某站年降水量频率计算表（$\overline{x} = 570\text{mm}$）

参数 \ $p/\%$		0.5	1	2	5	10	20	50	75	90	95	99
$C_v = 0.2$	k_p	1.59	1.52	1.45	1.35	1.26	1.16	0.99	0.86	0.75	0.7	0.59
$C_s = 2.0C_v$	x_p	906	866	827	770	718	661	564	490	428	399	336
$C_v = 0.24$	k_p	1.73	1.64	1.55	1.43	1.32	1.19	0.98	0.83	0.71	0.64	0.53
$C_s = 2.0C_v$	x_p	986	935	884	815	752	678	559	473	405	365	302

第四节　相　关　分　析

一、概述

前面我们研究的是一种随机变量的变化规律。但是自然界的许多现象并不是孤立的，两种或两种以上的随机变量之间存在着一定的联系。例如，降水与径流、水位与流量等。研究两个或两个以上随机变量之间的关系，称为相关分析。

在水文计算中进行相关分析的目的，就是利用水文变量之间的相关关系，借助长系列样本延长或插补短期的水文系列，提高短系列样本的代表性和水文计算成果的可靠性。两个变量之间的关系有三种情况：

1. 完全相关（函数关系）

如果两个变量 x、y，其中变量 x 的每一个数值，都有一个或多个完全确定的 y 与之相对应，即 x 与 y 成函数关系，则称这两个变量是完全相关，如图 4 - 8 所示。

2. 零相关（没有关系）

如果两个变量之间互不影响，其中一个变量的变化不影响另一个，则称没有关系或零相关，如图 4 - 9 所示。

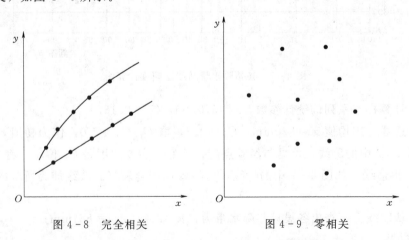

图 4 - 8　完全相关　　　　　　　　图 4 - 9　零相关

3. 统计相关（相关关系）

如果两个变量既不像函数关系那样密切，也不像零相关那样毫无关系，介于这两种之间；如果把这种关系的点据绘在坐标纸上，就能发现点据虽然有些散乱，但是能发现它的明显的趋势，这种趋势可以用一定的数学曲线或直线来近似地拟合，那么这种关系称为相关关系，如图 4-10 所示。

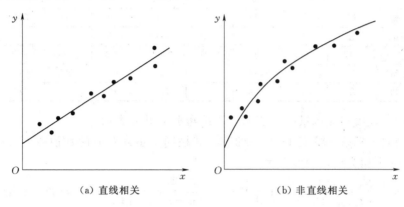

（a）直线相关　　　　　　　　（b）非直线相关

图 4-10　统计相关（相关关系）

相关分析是处理变量间的相关关系，判断变量间相关关系的密切程度，计算并检验其间的相关系数。如若存在相关关系，则确定因变量和自变量之间的关系式，称之为相关方程或回归方程。

在相关分析中，只分析两个变量间的关系，称简单相关。简单相关有直线相关和曲线相关两种形式。分析三个变量之间的相关，称为复相关。复相关也可分为直线相关和曲线相关两种形式。

由于水文计算中直线相关应用最多，曲线相关用得较少，所以本书主要介绍简单的直线相关。

二、简单的直线相关

在简单相关中，设 x_i，y_i 代表两系列的观测值，共有 n 对同步数据，将其点绘在相关图上，若其分布比较集中且平均趋势近似于直线，则可以直接利用作图法确定相关线，称图解法。若点据分布较分散，难以目估，则采用分析法来确定相关线的方程即回归方程。

设该直线的方程为

$$y = a + bx \tag{4-11}$$

式中　x——自变量；

　　　y——倚变量；

　a，b——待定常数。

1. 图解法

将相关点（x_i，y_i）点绘到方格纸上，过点群中心目估相关直线，要求通过均值点（$\bar{x}$，$\bar{y}$），且尽量使 $\sum(+\Delta y_i)$ 与 $\sum(-\Delta y_i)$ 的绝对值都最小。个别突出点要单独分析，查明原因。相关线定好后，便可在图上查读相关直线的斜率 b 和截距 a。

【例 4-5】　某甲、乙两雨量站同处一气候区，自然地理条件相似。且有 13 年同步降水资料，见表 4-6，经分析代表性较好，试用直线相关图解法建立相关直线及其方程式。

表 4-6　　　　　　　　　　某地甲、乙站的年降水量表　　　　　　　　　单位：mm

年份	①	1991	1992	1993	1994	1995	1996	1997	1998
参证站（乙站）	②	660	559	520	554	630	669	524	336
设计站（甲站）	③	720	560	585	601	771	849	495	413
年份	①	1999	2000	2001	2002	2003	总和	平均	
参证站（乙站）	②	539	482	510	728	545	7256	558	
设计站（甲站）	③	630	582	549	713	617	8085	622	

解：（1）设甲站降水量用 y 表示，乙站降水量用 x 表示。

（2）建立坐标系，将表 4-6 中的②、③栏同步系列对应的数值点绘在图 4-11 上，共得 13 个相关点，均值点为

$$\overline{x}=\frac{1}{n}\sum_{i=1}^{13}x_i=\frac{1}{13}\times7256=558,\overline{y}=\frac{1}{n}\sum_{i=1}^{13}y_i=\frac{1}{13}\times8085=622(\text{mm})$$

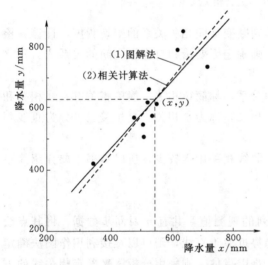

图 4-11　甲、乙雨量站年降水量相关图

（3）绘相关直线。从图上看出，相关点呈直线趋势，过点群中心和均值点（558，622）定出一条直线，如图 4-11（1）线所示。

（4）建立直线方程。根据所绘直线，在图上算出参数 $a=51$，$b=1.02$。直线方程为 $y=51+1.02x$。

2. 直线相关计算法

图解法优点是比较简单，但是在有较少相关点或分布较散时，目估定线往往会有较大的误差。这个时候我们常常利用相关计算法，即利用实测资料用数学公式计算出待定参数 a、b。根据最小二乘法原理，经过一定的推导得出以下公式

$$b=r\frac{\sigma_y}{\sigma_x}\tag{4-12}$$

$$a=\overline{y}-b\overline{x}\tag{4-13}$$

$$r=\frac{\sum_{i=1}^{n}(x_i-\overline{x})(y_i-\overline{y})}{\sqrt{\sum_{i=1}^{n}(x_i-\overline{x})^2\sum_{i=1}^{n}(y_i-\overline{y})^2}}\tag{4-14}$$

式中　$\overline{x}$、$\overline{y}$——同步系列的均值，$\overline{x} = \dfrac{1}{n}\sum\limits_{i=1}^{n}x_i$，$\overline{y} = \dfrac{1}{n}\sum\limits_{i=1}^{n}y_i$；

σ_x、σ_y——同步系列的均方差 $\sigma_x = \sqrt{\dfrac{\sum\limits_{i=1}^{n}(x_i-\overline{x})^2}{n-1}}$，$\sigma_y = \sqrt{\dfrac{\sum\limits_{i=1}^{n}(x_i-\overline{x})^2}{n-1}}$；

r——相关系数，表示两个变量之间关系的密切程度。

$|r|$ 介于 0 和 1 之间，当 $r=0$ 时，为零相关。当 $|r|=1$ 时，为完全相关。当 $0<|r|<1$ 时，为统计相关。且 $|r|$ 越大，表明关系越密切。为了判断两变量间的关系是否密切，我们需要找到一个临介的相关系数值 r_a，只有当 $|r|>r_a$ 时，才能在一定的信度水平下推断变量间的相关性。r_a 的大小取决于信度（犯错误的概率）的大小，对此本书不做展开。一般情况下我们取 $r_a=0.8$。如果 $r>0$ 我们称之为正相关，即 y 随 x 的增大而增大，如果 $r<0$ 我们称之为负相关，即 y 随 x 的增大而减小。

将 a 和 b 代入式（4-11），得

$$y = \overline{y} + r\frac{\sigma_y}{\sigma_x}(x-\overline{x}) \tag{4-15}$$

式中　$r\dfrac{\sigma_y}{\sigma_x}$——$y$ 与 x 的回归系数。

【例 4-6】　资料同［例 4-5］，用相关计算法求相关直线的回归方程。

解：（1）计算相关系数 $r=0.86$，大于 0.8，表明两者的相关关系比较密切。

（2）计算 $\sigma_x=95\text{mm}$，$\sigma_y=112\text{mm}$，代入式（4-12）和式（4-13）计算出

$$b = r\frac{\sigma_y}{\sigma_x} = 0.86 \times \frac{112}{95} = 1.014$$

$$a = \overline{y} - b\overline{x} = 622 - 1.014 \times 558 = 56.2$$

则相关直线的回归方程为 $y = 56.2 + 1.014x$。

相关直线如图 4-11（2）线所示。

三、相关分析应用中的问题

（1）相关分析的先决条件是变数间确实存在着关系。所以应用相关分析法时，首先须对研究变量作成因分析，研究变量间是否确有物理上的联系。不可因为数字上的表面联系，把物理成因上毫无关系的两个变量认为有相关关系，即伪相关。

（2）在相关分析中，一般要求同步资料系列在 10 对以上，且当 $|r|>r_a$ 时，才认为两变量的直线关系密切。但要注意，回归直线或回归方程是根据样本资料推估出来的，在直线的上下两端误差较大，因此延长水文资料时要特别注意，一般不超过实际幅度的 30%。

（3）水文现象间的关系多表现为直线关系，一般考虑绘制回归直线，但也有可能存在曲线关系，可用幂函数（$y=ax^b$）和指数函数（$y=ae^{bx}$）进行曲线拟合。对于幂函数，等式两边取对数可得 $\log y = \log a + b\log x$，令 $\log y = Y$，$\log x = X$，则 $Y=c$

$+bX$，因此就 X 和 Y 而言，便是直线关系了。对于指数函数，等式两边取对数可得 $\log y = \log a + b \log e \cdot x$，令 $\log y = Y$，$x = X$，则 $Y = c + dX$，这样 X 和 Y 便可作直线回归分析。

此外，复相关也是水文上常用的相关形式，由于它的相关分析比较复杂，在此我们不作讨论。

课 后 扩 展

一、选择题

1. 水文现象是一种自然现象，它具有 〔　〕。

a. 不可能性　　　　　　　　　　b. 偶然性

c. 必然性　　　　　　　　　　　d. 既具有必然性，也具有偶然性

2. 在一次随机试验中可能出现也可能不出现的事件叫做 〔　〕。

a. 必然事件　　　b. 不可能事件　　　c. 随机事件　　　d. 独立事件

3. $p = 5\%$ 的丰水年，其重现期 T 等于 〔　〕年。

a. 5　　　　　　　b. 50　　　　　　c. 20　　　　　　d. 95

4. $p = 95\%$ 的枯水年，其重现期 T 等于 〔　〕年。

a. 95　　　　　　b. 50　　　　　　c. 5　　　　　　d. 20

5. 百年一遇洪水，是指 〔　〕。

a. 大于等于这样的洪水每隔 100 年必然会出现一次

b. 大于等于这样的洪水平均 100 年可能出现一次

c. 小于等于这样的洪水正好每隔 100 年出现一次

d. 小于等于这样的洪水平均 100 年可能出现一次

6. 减少抽样误差的途径是 〔　〕。

a. 增大样本容量　　　b. 提高观测精度　　c. 改进测验仪器　　d. 提高资料的一致性

7. 某水文变量频率曲线，当 $\bar{x}$、C_v 不变，增大 C_s 值时，则该线 〔　〕。

a. 两端上抬、中部下降　　　　　b. 向上平移

c. 呈顺时针方向转动　　　　　　d. 呈反时针方向转动

8. 某水文变量频率曲线，当 $\bar{x}$、C_s 不变，增加 C_v 值时，则该线 〔　〕。

a. 将上抬　　　　　　　　　　　b. 将下移

c. 呈顺时针方向转动　　　　　　d. 呈反时针方向转动

9. 用配线法进行频率计算时，判断配线是否良好所遵循的原则是 〔　〕。

a. 抽样误差最小的原则

b. 统计参数误差最小的原则

c. 理论频率曲线与经验频率点据配合最好的原则

d. 设计值偏于安全的原则

10. 相关系数 r 的取值范围是 〔　〕。

a. $r > 0$　　　　　b. $r < 0$　　　　c. $r = -1 \sim 1$　　　d. $r = 0 \sim 1$

二、判断题

1. 由随机现象的一部分试验资料去研究总体现象的数字特征和规律的学科称为概率论。〔 〕

2. x、y 两个系列的均值相同，它们的均方差分别为 σ_x、σ_y，已知 $\sigma_x > \sigma_y$，说明 x 系列较 y 系列的离散程度大。〔 〕

3. 在频率曲线上，频率 p 愈大，相应的设计值 x_p 就愈小。〔 〕

4. 重现期是指某一事件出现的平均间隔时间。〔 〕

5. 由样本估算总体的参数，总是存在抽样误差，因而计算出的设计值也同样存在抽样误差。〔 〕

6. 水文系列的总体是无限长的，它是客观存在的，但我们无法得到它。〔 〕

7. 水文频率计算中配线时，增大 C_v 可以使频率曲线变陡。〔 〕

8. 某水文变量频率曲线，当 $\overline{x}$、C_s 不变，增大 C_s 值时，则该线两端上抬，中部下降。〔 〕

9. 某水文变量频率曲线，当 C_v、C_s 不变，增加 $\overline{x}$ 值时，则该线上抬。〔 〕

10. 相关系数反映的是相关变量之间的一种平均关系。〔 〕

三、问答题

1. 概率和频率有什么区别和联系？

2. 水文计算中常用的"频率格纸"的坐标是如何分划的？

3. 何谓离均系数 Φ？如何利用皮尔逊Ⅲ型频率曲线的离均系数 Φ 值表绘制频率曲线？

4. 重现期（T）与频率（P）有何关系？$p = 90\%$ 的枯水年，其重现期（T）为多少年？含义是什么？

5. 现行水文频率计算配线法的实质是什么？简述配线法的方法步骤？

6. 用配线法绘制频率曲线时，如何判断配线是否良好？

7. 怎样进行水文相关分析？它在水文上解决哪些问题？

8. 什么是抽样误差？回归线的均方误是否为抽样误差？

四、计算题

1. 某站年雨量系列符合皮尔逊Ⅲ型分布，经频率计算已求得该系列的统计参数：多年平均降水量 $\overline{P} = 900\text{mm}$，$C_v = 0.20$，$C_s = 0.60$。试结合表 4-7 推求百年一遇丰水年雨量和百年一遇枯水年雨量。

表 4-7 P-Ⅲ型曲线 Φ 值表

C_s \ $p/\%$	1	10	50	90	95
0.30	2.54	1.31	−0.05	−1.24	−1.55
0.60	2.75	1.33	−0.10	−1.20	−1.45

2. 两相邻流域 x 与 y 的同期年径流模数 $[\text{L}/(\text{s} \cdot \text{km}^2)]$ 的观测资料数据见表 4-8。

表 4-8　　　　　　　　　两流域同期年径流模数记录表　　　　　单位：L/(s·km²)

x	4.26	4.75	5.38	5.00	6.13	5.81	4.75	6.00	4.38	6.50	4.13
y	2.88	3.00	3.45	3.26	4.05	4.00	3.02	4.30	2.88	4.67	2.75

计算后得到 $\overline{x}=5.19$，$\overline{y}=3.48$，$\sum_i x_i=57.09$，$\sum_i y_i=38.26$，$\sum_i x_i y_i=$ 213.9182，$\sum_i x_i^2=303.0413$，$\sum_i y_i^2=137.5301$。试用相关分析法求 x 流域年径流模数为 $5.60L/(s·km^2)$ 时 y 流域的年径流模数？

第五章 径流分析计算

本章学习的内容和意义： 径流分析计算是为水利水电工程的规划设计服务的，径流分析计算成果与用水资料相配合，进行水库调节计算，便可求出水库的兴利库容。同时，径流分析计算成果是进行水资源评价的重要依据，也是制定和实施国民经济计划的重要依据之一。

第一节 设计年径流分析计算的目的和内容

在一定时段内，通过河流某一断面的累积水量称径流量，记作 $W(\mathrm{m}^3)$；也可以用时段平均流量 $\overline{Q}(\mathrm{m}^3/\mathrm{s})$ 或流域径流深 $R(\mathrm{mm})$ 来表示。径流量与流量的关系为

$$W = \overline{Q}\Delta T \tag{5-1}$$

式中 ΔT——计算时段，s。

根据工程设计的需要，ΔT 可分别采用年、季或月，则其相应的径流分别称为年径流、季径流或月径流。其中年径流及其时程分配形式对水利水电工程的规划设计尤为重要。本章重点介绍年径流的分析计算，较短时段径流的分析计算，可以参照进行。

一、径流特性

河川径流具有如下的一些特性。

1. 径流的季节分配

河川径流的主要来源为大气降水。降水在年内分配是不均匀的，有多雨季节和少雨季节，径流也随之呈现出丰水期和枯水期，或汛期与非汛期。最大日径流量较之最小日径流量，有时可达几倍到几十倍。

2. 径流的地区分布

河川径流的地区性差异非常明显，这也和雨量分布密切相关。多雨地区径流丰沛，少雨地区径流较少。我国的丰水带包括东南和华南沿海，云南西部和西藏东部，年径流深在 1000mm 以上。我国的少水带包括东北西部，内蒙古、宁夏、甘肃大部和新疆西北部，年径流深在 $10\sim50\mathrm{mm}$ 之间；而许多沙漠地区为干涸带，年径流深不足 10mm。

3. 径流的周期性

绝大多数河流以年为周期的特性非常明显。在一年之内，丰水期和枯水期交替出现，周而复始。又因特殊的自然地理环境或人为影响，在一年的主周期中，也会产生一些较短的特殊周期现象。例如，冰冻地区在冰雪融解期间，白昼升温，融解速度加快，径流较大；夜间相反，呈现出以锯齿形为特征的径流日周期现象。又如担任调峰

任务的水电站下游，在电力负荷高峰期间加大下泄流量，峰期过后减小下泄流量，也会出现以日为周期的径流波动现象。

在实测年径流系列中，往往发现连续丰水段或连续枯水段交替出现的现象，连续2～3年年径流偏丰或偏枯的现象极为常见；连续3～5年也不罕见，有的甚至超过10年以上。这种连续丰水段或连续枯水段的交替出现，会形成从十几年到几十年的较长周期，需要通过周期分析加以识别。

二、年径流分析计算的目的和内容

1. 设计年径流的目的

年径流分析计算是水资源利用工程中最重要的工作之一。设计年径流是衡量工程规模和确定水资源利用程度的重要指标。

水资源利用工程包括水库蓄水工程、供水工程、水力发电工程和航运工程等，其设计标准（用保证率表示）反映对水利资源利用的保证程度，即工程规划设计的既定目标不被破坏的年数占运用年数的百分比。例如，一项水资源利用工程，有 90% 的年份可以满足其规划设计确定的目标，则其保证率为 90%。推求不同保证率的年径流量及其分配过程，就是设计年径流分析计算的主要目的。在分析枯水径流和时段最小流量时，还可用破坏率，即破坏年数占运用年数的百分比来表示，在概念上更为直观。事实上，保证率和破坏率是事物的两个侧面，互为补充，并可进行简单的换算。设保证概率为 p，破坏概率为 q，则 $p = 1 - q$。

2. 年径流分析计算的内容

（1）基本资料信息的搜集和复查。进行年径流分析的基本资料和信息搜集，包括设计流域和参证流域的自然地理概况、流域河道特征、有明显人类活动影响的工程措施、水文气象资料以及前人分析的有关成果。其中水文资料，特别是径流资料为搜集的重点。对搜集到的水文资料，应有重点地进行复查，着重从观测精度、设计代表站的水位流量关系以及上下游的水量平衡等方面，对资料的可靠性作出评定。发现问题应找出原因，必要时应会同资料整编单位，做进一步审查和必要的修正。

（2）年径流量的频率分析计算。对年径流系列较长且较完整的资料，可直接据以进行频率分析，确定所需的设计年径流量。对短缺资料的流域，应尽量设法延长其径流系列，或用间接方法，经过合理的论证和修正移用参证流域的设计成果。

（3）提供设计年径流的时程分配。在设计年径流量确定以后，参照本流域或参证流域代表年的径流分配过程，确定年径流在年内的分配过程。

（4）根据需要进行年际连续枯水段的分析、径流随机模拟和枯水流量分析计算。

（5）对分析成果进行合理性检查。通过检查分析计算的主要环节、与以往已有设计成果和地区性综合成果进行对比等手段，对设计成果的合理性作出论证。

5-2 ▶

具有长期实测径流资料情况下年径流分析计算

第二节　有较长资料时设计年径流的频率分析计算

所谓较长年径流系列是指设计代表站断面或参证流域断面有实测径流系列，其长度不小于规范规定的年数，即不应小于 30 年。如实测系列小于 30 年，应设法将系列加以延长；如系列中有缺测资料，应设法予以插补；如有较明显的人类活动影响，应进行径流资料的还原工作。

一、年径流系列的三性分析

（一）年径流系列的可靠性审查

对资料审查时发现的问题，如是水文测验允许误差，或对水文计算成果影响甚小可不改，情况不明时暂时不改。但是计算错误或影响较大的系统性误差，应进行改正。

流量资料的合理性检查，可采用历年水位流量关系曲线比较法、上下游站相关法、上下游水量平衡法等进行检查，必要时应进行对比测验。

（1）水位-流量关系曲线综合比较法。绘制本站历年的水位流量、水位面积、水位流速关系曲线，综合比较历年水位-流量关系曲线的变化趋势，并分析定线的合理性。

（2）相关法。绘制本站与上、下游站的洪峰或不同时段洪量的相关图，从相关图上检查点据的分布趋势及偏离平均关系线的程度，以检查各年资料的合理性，根据上下游逐日平均流量过程线对照，检查上下游站流量变化的相应性等。

（3）水量平衡法。取本站与上、下游站不同时段的水量，计算不同时段的区间流域水量，并比较本站与上、下游及区间流域的水量（或径流深）、径流系数的地区分布的合理性。

（二）年径流系列的一致性分析

在工程水文中，很多情况下需要考虑人类活动的影响，特别是在年径流分析计算中，需要考虑径流的还原计算，把全部系列建立在同一基础上。测量断面位置有时可能发生变动，当对径流量产生影响时，需要改正至同一断面的数值。

影响径流的人类活动，主要是蓄水、供水、水土保持以及跨流域调水等工程的大量兴建。大坝蓄水工程，主要是对径流进行调节，将丰水期的部分水量存蓄起来，在枯水期有计划地下泄，满足下游用水的需要。一般情况下，水库对年径流量的影响较小，而对径流的年内分配影响很大。供水工程主要向农业、工业及城市用水提供水量，其中尤以灌溉用水占很大比重。但供水中的一部分水量仍流回原河流（称回归水），分析时应予注意。水土保持是对自然因素和人为活动造成水土流失所采取的预防和治理措施，面广量大，20世纪70年代后发展很快。一些重点治理的流域，河川径流和泥沙已发生了显著变化，而且这种趋势还将长期持续下去。

1. 径流系列的一致性处理

随着各类水利水电工程的兴建、水土保持措施的逐步实施以及分洪、溃口等情况发生，径流及其过程发生明显变化，当径流样本资料系列的一致性受到破坏时，应把变化后的资料进行修正，还原到变化前的同一基础上。径流还原计算采用调查和分析相结合的方法，并注意加强调查。凡有观测资料的，根据观测资料进行还原水量计算；没有观测资料的，通过调查分析进行估算。

径流还原计算一般采用分项调查法，也可采用降雨径流模式法、蒸发差值法等方法。下面主要介绍分项调查法。

当社会调查资料比较充分，各项人类活动措施和指标落实较好时，采用分项调查法可获得较满意的结果。一般根据各项措施对径流的影响程度采用逐项还原或对其中的主要影响项目进行还原。

根据水量平衡原理，还原计算时段内的水量平衡方程为

$$W_{天然}=W_{实测}+W_{农业}+W_{工业}+W_{生活}\pm W_{调蓄}+W_{水保}+W_{蒸发}\pm W_{引水}$$
$$\pm W_{分洪}+W_{渗漏}\pm W_{其他} \tag{5-2}$$

式中　$W_{天然}$——还原后的天然径流量；

　　　$W_{实测}$——实测径流量；

　　　$W_{农业}$——农业灌溉净耗水量；

　　　$W_{工业}$——工业净耗水量；

　　　$W_{生活}$——生活净耗水量；

　　　$W_{调蓄}$——蓄水工程的蓄水变量（增加为"＋"，减少为"－"）；

　　　$W_{水保}$——水土保持措施对径流的影响水量；

　　　$W_{蒸发}$——水面蒸发增损量；

　　　$W_{引水}$——跨流域引（调）水量（引出为"＋"，引入为"－"）；

　　　$W_{分洪}$——河道分洪水量（分出为"＋"，分入为"－"）；

　　　$W_{渗漏}$——水库渗漏水量；

　　　$W_{其他}$——城市化、地下水开发等对径流有影响的水量及河道外生态环境耗水量。

一般情况下，工农业用水中农业灌溉是还原计算的主要项目，应详细计算，工业用水量可通过工矿企业的产量、产值及单产耗水量调查分析而得。蓄水工程的蓄变量可按水位和容积曲线推求。跨流域引出水量为直接还原计算，跨流域引入水量只计算其回归水量。水土保持措施对径流的影响可根据资料条件分析计算。下面简要介绍农业灌溉净耗水量计算。

当具有实测或调查的渠首引水总量资料时，农业灌溉净耗水量可由式（5-3）计算

$$W_{农}=MA(1-\varphi_1) \tag{5-3}$$

式中　$W_{农}$——农业灌溉净耗水量，万 m^3；

　　　M——田间综合净灌水定额，m^3/亩；

　　　A——实灌面积，亩；

　　　φ_1——灌溉回归系数，即田间下渗回归水量同引入田间净灌溉水量之比。

2. 还原成果的合理性检查

对还原计算成果，应从单项指标和分项还原水量，上下游、干支流水量平衡及降雨径流关系等方面，检查其合理性。

（1）单项指标检查。用分项调查法进行还原计算时，人类活动措施数量和单项指标是否正确，是决定计算成果精度的关键。农业灌溉定额、灌溉回归系数又是指标合理性检查的重点。

（2）上下游、干支流及区间水量平衡检查。经还原计算后的上下游、干支流长时

段径流量，要基本符合水量平衡原则。

（3）各种影响因素的序列对照及统计参数检验。把还原后的天然径流系列由大到小排列，同时把各种主要影响的因素如降水量、蒸发量也由大到小排列，对照序次检查其对应关系。

（三）年径流系列的代表性分析

年径流系列的代表性是指该样本对年径流总体的接近程度，如接近程度较高，则系列的代表性较好，频率分析成果的精度较高，反之较低。因此，在进行年径流频率分析之前，还应进行系列的代表性分析。

样本对总体代表性的高低，可通过对二者统计参数的比较加以判断。但总体分布是未知的，无法直接进行对比，只能根据人们对径流规律的认识以及与更长径流、降水等系列对比，进行合理性分析与判断。常用的方法如下。

1. 进行年径流的周期性分析

对于一个较长的年径流系列，应着重检验它是否包括了一个比较完整的水文周期，即包括了丰水段（年组）、平水段和枯水段，而且丰、枯水段又大致是对称分布的。一般说来，径流系列愈长，其代表性就愈好，但也不尽然。如系列中的丰水段数多于枯水段数，则年径流可能偏丰，反之可能偏低。去掉一个丰水段或枯水段径流资料，其代表性可能更好。又如，有的测站，1949 年以前的观测精度较低，20 世纪 50年代初期，曾大量使用这些资料，但随着观测期的不断增长，可能已不再使用这些资料，这时代表性可能更好一些。但是对去掉部分资料的情况，应特别慎重对待，须经充分论证后决定取舍。

一个较长的水文周期，往往需要几十年的时间，在条件许可时，可以在水文相似区内进行综合性年径流或年降水周期分析工作，并结合历史旱涝分析，做出合理的判断。

2. 与更长系列参证变量进行比较

参证变量指与设计断面径流关系密切的水文气象要素，如水文相似区内其他测站观测期更长并被论证有较好代表性的年径流或年降水系列。设参证变量的系列长度为 N，设计代表站年径流系列长度为 n，且 n 为二者的同步观测期。如果参证变量的 N 年统计特征（主要是均值和变差系数）与其自身 n 年的统计特征接近，说明参证变量的 n 年系列在 N 年系列中具有较好的代表性。又因设计断面年径流与参证变量有较密切的关系，从而也间接说明设计断面 n 年的年径流系列也具有较好的代表性。

二、年径流的频率分析

水文要素频率分析的通用方法，在第四章中已有详细阐述，此处重点针对年径流的特点，补充介绍一些应予注意的事项。

（一）数据选择

当年径流资料经过审查、插补延长、还原计算和资料一致性和代表性分析以后，应按逐年逐月统计其径流量，组成年径流系列和月径流系列。这些数据绝大部分可自《水文年鉴》上直接引用，但须注意《水文年鉴》上刊布的数字是按日历年分界的，即每年 1—12 月为一个完整的年份。

在水资源利用工程中，为便于水资源的调度运用，常采用另一种分界的方法，称水利年度。它不是从 1 月份开始，而是将水库调节库容的最低点（汛前某一月份，各地根据入汛的迟早具体确定）作为一个水利年度的起始点，周而复始加以统计，建立起一个新的年径流系列。当年径流系列较长时，用上述两种系列得出的频率分析成果是很接近的。

（二）线型与参数估算

经验表明，我国大多数河流的年径流频率分析可以采用 P-Ⅲ 型频率分布曲线，但经分析论证亦可采用其他线型。

P-Ⅲ 型年径流频率曲线有三个参数，其中均值（$\bar{x}$）一般直接采用矩法计算值；变差系数（C_v）可先根据公式计算，并根据适线拟合最优的准则进行调整；偏态系数（C_s）一般不进行计算，而直接采用 C_v 的倍比，我国绝大多数河流可采用 $C_s = 2 \sim 3 C_v$。在进行频率适线和参数调整时，可侧重考虑平、枯水年份年径流点群的趋势。

（三）其他注意事项

1. 参数的定量应注意参照地区综合分析成果

对中小流域设计断面径流系列计算的统计参数，有时也会带有偶然性。因此在有条件时，应注意和地区综合分析的统计参数成果进行合理性比较，特别是在系列较短时尤应注意。我国已制定有全国和各地区的中小河流年径流深和 C_v 的等值线图，可以作为重要的参考资料。

2. 历史枯水年径流的考证和引用

如果在实测年径流系列以外，还能考证到历史上曾经发生过更枯的年径流时，应进一步考证其发生的重现期，并点绘到年径流频率图上，可以起到控制频率曲线合理外延的作用。

5-3 ▶

缺乏实测径流资料的设计年径流量的计算

第三节　短缺资料时设计年径流的频率分析计算

短缺径流资料的情况可分为两种：一种是设计代表站只有短系列径流实测资料，其长度不能满足规范的要求；一种是设计断面附近完全没有径流实测资料。对于前一种情况，工作重点是设法展延径流系列的长度；对于后一种情况，主要是利用年径流统计参数的地理分布规律间接地进行年径流估算。

一、有较短年径流系列时设计年径流频率分析计算

有较短年径流系列时设计年径流频率分析计算的关键是展延年径流系列的长度。方法的实质是寻求与设计断面径流有密切关系并有较长观测系列的参证变量，通过设计断面年径流与其参证变量的相关关系，将设计断面年径流系列适当地加以延长至规范要求的长度。当年径流系列适当延长以后，其频率分析方法与本章第二节所述完全一样。

最常采用的参证变量有：设计断面的水位、上下游测站或邻近河流测站的径流量、流域的降水量。参证变量应具备下列条件：

（1）参证变量与设计断面径流量在成因上有密切关系。

（2）参证变量与设计断面径流量有较多的同步观测资料。

（3）参证变量的系列较长，并有较好的代表性。

（一）利用本站的水位资料延长年径流系列

有些测站开始只观测水位，后来增加了流量测验。可根据其水位-流量关系，将水位资料转化成径流资料。

（二）利用上下游站或邻近河流测站实测径流资料，延长设计断面的径流系列

同一河流上下游的水量存在着有机联系，因此，当设计断面上下游不太远处有实测径流资料时，常是很好的参证变量，可通过建立二者的径流相关关系加以论证。同一水文气候区内的邻近河流当流域面积与设计流域面积相差不太悬殊时，其径流资料也可作为参证变量。下面是一个实例。

设有甲乙两个水文站。某设计断面位于甲站附近，但只有 1971—1980 年实测径流资料。其下游的乙站却有 1961—1980 年实测径流资料，见表 5－1。将二者 10 年同步年径流观测资料对应点绘，发现相关关系较好，如图 5－1 所示。根据二者的相关线，可将甲站 1961—1970 年缺测的年径流查出，延长年径流系列，进行年径流的频率分析计算。

表 5－1　　　　　　　　　某河流甲乙两站年径流资料　　　　　　　　单位：m³/s

年份	1961	1962	1963	1964	1965	1966	1967	1968	1969	1970
乙站	1400	1050	1370	1360	1710	1440	1640	1520	1810	1410
甲站	(1120)	(800)	(1100)	(1080)	(1510)	(1180)	(1430)	(1230)	(1610)	(1150)
年份	1971	1972	1973	1974	1975	1976	1977	1978	1979	1980
乙站	1430	1560	1440	1730	1630	1440	1480	1420	1350	1630
甲站	1230	1350	1160	1450	1510	1200	1240	1150	1000	1450

注　括号内数字为插补值。

（三）利用年降水资料延长设计断面的年径流系列

径流是降水的产物。流域的年径流量与流域的年降水量往往有良好的相关关系。又因降水观测系列在许多情况下较径流观测系列长，因此降水系列常被用来作为延长径流系列的参证变量。从理论上讲，这个参证变量应取流域降水的面平均值，有条件时应尽量这样做，但实际上，流域内往往只有少数甚至只有一处降水量观测点的系列较长，这时也可试用此少数点的年降水量与设计断面的年径流建立相关关系，如相关关系较好，亦可据以延长年径流系

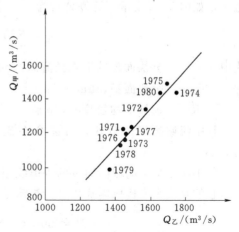

图 5－1　某河流甲乙两站年径流相关图
（点旁注字表示年份）

列。在一些小流域内，有时流域内没有长系列降水量观测，而在流域以外不远处有长系列降水量观测，也可以试用上述办法，以降水与径流相关关系较好作为采用的原则。

（四）注意事项

利用参证变量延长设计断面的年径流系列时，应特别注意下列问题：

（1）尽量避免远距离测验资料的转相关。如设计断面$C_{设}$与一参证断面$C_{参}$相距很远，它们的年径流之间虽有一定相关关系，但相关系数较小。如在它们之间还有两个（或几个）测流断面C_1、C_2，系列均较短，不符合参证站条件，但C_2与$C_{参}$、C_1与C_2以及$C_{设}$与C_1年径流的相关关系均较好，通过辗转相关，把$C_{参}$的信息传递到$C_{设}$上来。表面看来各相邻断面，年径流的相关程度虽均较高，但随着每次相关误差的累积和传播，最终延长$C_{设}$年径流系列的精度并不会因之提高，因此这种做法不宜提倡。

（2）系列外延的幅度不宜过大，一般以不超过实测系列的 50％为宜。

二、缺乏实测径流资料时设计年径流量的估算

在部分中小设计流域内，有时只有零星的径流观测资料，且无法延长其系列，甚至完全没有径流观测资料，则只能利用一些间接的方法，对其设计径流量进行估算。采用这类方法的前提是设计流域所在的区域内有水文特征值的综合分析成果，或在水文相似区内有径流系列较长的参证站可资利用。

（一）参数等值线图法

我国已绘制了全国和分省（区）的水文特征值等值线图和表，其中年径流深等值线图及C_v等值线图，可供中小流域设计年径流量估算时直接采用。

1. 年径流均值的估算

根据年径流深均值等值线图，可以查得设计流域年径流深的均值，然后乘以流域面积，即得设计流域的年径流量。

如果设计流域内通过多条年径流深等值线，可以用面积加权法推求流域的平均径流深，如图 5-2 所示。计算公式为

$$R = \sum_{i=1}^{n} R_i A_i / \sum_{i=1}^{n} A_i \qquad (5-4)$$

式中　R_i——分块面积的平均径流深，mm；

　　　A_i——分块面积，km^2；

　　　R——流域平均径流深，mm。

其中流域顶端的分块，可能会在流域以外的一条等值线之间，如图 5-2 中的$R_n A_n$。

在小流域中，流域内通过的等值线很少，甚至没有一条等值线通过，可按通过流域形心的直线距离比例内插法，计算流域平均径流深，如图 5-3 所示。

$$R = 700 + (800 - 700) \frac{OA}{AB} (mm)$$

等值线图法一般对大流域查算的结果精度高一些。对于小流域，因为小流域可能不闭合和河槽下切不深，不能汇集全部地下径流，所以使用等值线图有可能导致结果

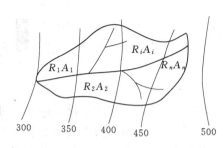

图 5-2　用面积加权法求流域
平均径流深（单位：mm）

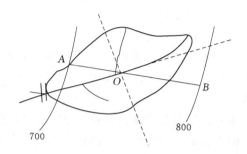

图 5-3　用直线内插法推求流域
平均径流深（单位：mm）

偏大或偏小。因此，小流域应用参数等值线图时，一般应进行实地调查，分析论证数据的合理性，并结合具体条件加以适当修正。

年径流深均值确定以后，可通过下列关系确定年径流量：

$$W = KRA \qquad (5-5)$$

式中　　W——年径流量，m^3；

　　　　R——年径流深，mm；

　　　　A——流域面积，km^2；

　　　　K——单位换算系数，采用上述各单位时，$K = 1000$。

2. 年径流深 C_v 值的估算

年径流深的 C_v 值也有等值线图可供查算，方法与年径流均值估算方法类似，但可更简单一点，即按比例内插出流域形心的 C_v 值就可以了。

3. 年径流 C_s 值的估算

年径流的 C_s 值，一般采用 C_v 的倍比。按照规范规定，一般可采用 $C_s = (2 \sim 3)C_v$。

在确定了年径流的均值、C_v，C_s 后，便可借助于查用 P-Ⅲ型频率曲线表，绘制出年径流的频率曲线，确定设计频率的年径流值。

（二）经验公式法

年径流的地区综合也常以经验公式表示。这类公式主要是与年径流影响因素建立关系。例如，多年径流均值的经验公式有如下形式：

$$\overline{Q} = b_1 A n_1 \qquad (5-6)$$

或 $$\overline{Q} = b_2 A n_2 \overline{P^m} \qquad (5-7)$$

式中　　　$\overline{Q}$——多年平均流量，m^3/s；

　　　　　A——流域面积，km^2；

　　　　　$\overline{P}$——多年平均降水量，mm；

b_1、b_2、n_1、n_2、m——参数，通过实测资料分析确定，或按已有分析成果采用。

不同设计频率的年平均流量 Q_p，也可以建立类似的关系，只是其参数的定量亦各有不同。这类方法的精度一般较等值线图法低，但在初步规划阶段需要快速估算流域的地表水资源量及水力蕴藏量时，有实用价值。

91

（三）水文比拟法

水文比拟法是无资料流域移用（经过修正）水文相似区内相似流域的实测水文特征的常用方法，特别适用于年径流的分析估算。当设计断面缺乏实测径流资料，但其上下游或水文相似区内有实测水文资料可以选作参证站时，可采用本法估算设计年径流。

本法的要点是将参证站的径流特征值，经过适当的修正后移用于设计断面。进行修正的参变量，常用流域面积和多年平均降水量，其中流域面积为主要参变量，二者应比较接近，通常以不超过 15％为宜；如径流的相似性较好，也可以适当放宽上述限制。当设计流域无降水资料时，亦可不采用降水参变量。将参证流域的多年平均流量修正后再移用过来，即

$$\overline{Q} = K_1 K_2 \overline{Q}_c \qquad (5-8)$$

其中
$$K_1 = A/A_c$$
$$K_2 = \overline{P}/\overline{P}_c$$

式中　$\overline{Q}$，$\overline{Q}_c$——分别为设计流域和参证流域的多年平均流量，m^3/s；

　K_1、K_2——分别为流域面积和年降水量的修正系数；

　A、A_c——分别为设计流域和参证流域的流域面积，km^2；

　$\overline{P}$、$\overline{P}_c$——分别为设计流域和参证流域的多年平均降水量，mm。

年径流的 C_v 值可以直接采用，一般无须进行修正，并取用 $C_s=(2\sim3)C_v$。

如果参证站已有年径流分析成果，也可以用下列公式将参证站的设计年径流直接移用于设计流域。

$$\overline{Q}_p = K_1 K_2 Q_{p,c} \qquad (5-9)$$

式中　下标 p——频率；

其他符号的意义同前。

水文比拟法成果的精度取决于设计流域和参证流域的相似程度，特别是流域下垫面情况的接近程度。

当设计断面有不完整的径流资料时，如只有少数几年的年径流资料，或只有若干年的汛期或枯水期的径流资料，虽不足据以延长年径流系列至所需长度，但仍应充分加以利用，如与参证站的同步径流资料点绘，可以进一步论证二者的径流相似程度。

三、流量历时曲线的绘制

在有部分径流资料的情况下，还可以用绘制流量历时曲线的方法，满足某些工程，如小型水电站、航运和漂木等在规划设计中确定对水资源利用保证率的初步需要。在一些有径流频率分析计算成果的大中型水利水电工程中，为了专项设计任务的需要，有时也可以绘制这种曲线，作为深入分析研究的辅助手段。在我国有关小型水力发电站水文计算的规范中，已将此法列为一项重要的工作内容。

流量历时曲线是累积径流发生时间的曲线，表示等于或超过某一流量的时间百分数。径流统计时段可按工程的要求选定，常采用日或旬为单位。当资料年数较多时，为简化计算，也可以按典型年（详见第四节）或丰、平、枯代表年绘制流量历时曲线。当资料年数较少时，也可采用全部完整年份的流量资料绘制流量历时曲线。

现以代表年日平均流量历时曲线为例，说明曲线的制作方法和步骤。将代表年365个日平均流量分为 n 级（$n=20\sim50$），取每组资料的平均值，从大到小排队，与累积时间百分数对应点绘，即得代表年的日平均流量历时曲线。对应于某一流量，可以从曲线上查得年内出现等于或大于该值历时的百分数，如为 80%，即一年内有80%的时间，流量将不小于该指定值。这对小水电站的保证出力计算、河流可通航天数和漂木天数的估算等具有重要的实际意义。图 5-4 给出了某水文站日平均流量历时曲线的一个示例。

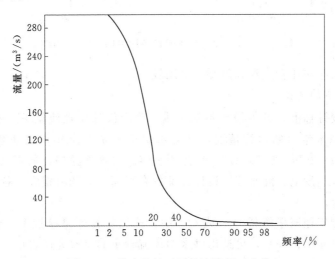

图 5-4　某水文站日平均流量历时曲线

第四节　设计年径流的时程分配

河川年径流的时程分配，一般按其各月的径流分配比来表示。年径流的时程分配与工程规模和水资源利用程度关系很大。无径流调节设施的灌溉工程，完全利用天然河川径流，主要依赖灌溉期径流的大小决定对水资源的利用程度。灌溉期径流比重较大的河流，径流利用程度比较高，反之较低。对水库蓄水工程来说，非汛期径流比重愈小，所需的调节库容愈大；反之则小。如图 5-5 所示，设来水量相同，汛期与非汛期的来水比例不同，但需水过程相同。图 5-5（a）中枯季径流较小，为满足需水要求，所需调节库容 V_1 较大；图 5-5（b）中枯季径流较大，所需调节库容 V_2 较小。

因此，当设计径流量确定以后，还须根据工程的目的与要求，提供与之配套的设计径流时程分配成果，以满足工程规划设计的需要。但是径流年内分配的随机性很强，即使年径流总量相同或接近时，其在年内按月分配的过程，也可能有很大的差异。如何确定一个合理的设计年径流分配过程，常用下列几种方法。

一、代表年法

在工程水文中，常采用按比例缩放代表年径流过程的方法，来确定设计年径流的

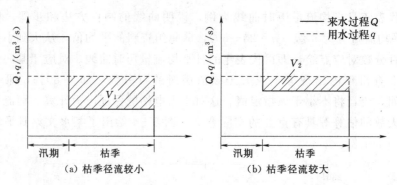

图 5-5 径流年内分配对调节库容的影响示意图

时程分配。代表年法比较直观和简便，采用较广。

（一）代表年的选择

（1）根据设计标准，查年径流频率曲线，确定设计年径流量 W_p 或 $\overline{Q}_p$。为了检验工程在不同来水年份的运行情况，又常选出丰平枯三个年份（如频率 $p=20\%$、50%、80% 或 $p=25\%$、50%、75%）为代表年。对水资源综合利用工程，其中分项任务（城市供水、发电、灌溉等）设计标准各有不同，应选出相应于各个分项任务设计标准的代表年。

（2）在实测年径流量资料 $W_实$ 或 $Q_实$ 中，选出年径流量接近 W_p 或 $\overline{Q}_p$ 的年份。这种年份有时可能不止一个，可选出供水期径流较小的年份为代表年。

（二）年径流时程分配计算

当代表年选定以后，统计出实测年径流量 $W_实$ 或 $Q_实$，并求出设计年径流量 W_p 或 $\overline{Q}_p$ 与实测年径流量的比例系数 K。

$$K=W_p/W_实 \qquad (5-10)$$

或
$$K=Q_p/Q_实 \qquad (5-11)$$

用此系数乘代表年各月的实测径流过程，即得设计年径流量的按月时程分配。

二、虚拟年法

在水资源利用规划阶段，有时并不针对某项具体工程的具体标准，而只作水资源利用的宏观分析或评估，则年径流的时程分配可采用一种多年平均情况，即年和各月的径流均采用多年平均值，并列出丰、平、枯三种代表年的年径流及按月时程分配。目前许多大中河流均有年、月径流的多年均值及其不同频率的相应计算值可供采用。这种年径流的时程分配型式，不是来自某些代表年份，而是代表多年的统计特征，是一种虚拟的年份，故称虚拟年法。

三、全系列法

评价一项水资源利用工程的性能和效益，最严密的办法是将全部年、月径流资料，按工程运行设计进行全面的操作运算，以检验有多少年份设计任务不遭到破坏，从而较准确地评定出工程的保证率或破坏率。显然，这种方法较之上述两种方法更为客观和完善。它的缺点是计算较繁琐，特别是当年、月径流系列较长时，工作量很大，手工操作比较困难。但是，由于电子计算机的迅速推广和普及，上述困难不难克服。因而全系列法已越来越多地引起重视和被采用。

四、水文比拟法

对缺乏实测径流资料的设计流域，其设计年径流的时程分配，主要采用水文比拟法推求，即将水文相似区内参证站各种代表年的径流分配过程，经修正后移用于设计流域。先求出参证站各月的径流分配比 α，遍乘设计站的年径流，即得设计年径流的时程分配。月径流分配比按下式推求：

$$\alpha_i = y_i / Y \qquad\qquad (5-12)$$

式中　α_i——参证站第 i 月的径流分配比，%；

　　　y_i——参证站第 i 月的径流量，m^3；

　　　Y——参证站年径流量，m^3。

如果找不到合适的参证站，但设计流域有降水量资料时，也可以将月降水量分配比，近似地移用于年径流的分配，但此法精度较差，使用时应予注意。在小流域中，其近似性较好，中等以上流域，一般不宜采用此法。

第五节　枯水流量分析计算

枯水流量亦称最小流量，是河川径流的一种特殊形态。枯水流量往往制约着城市的发展规模、灌溉面积、通航的容量和时间，同时，也是决定水电站保证出力的重要因素。按设计时段的长短，枯水流量又可分为瞬时、日、旬、……最小流量。其中又以日、旬、月最小流量对水资源利用工程的规划设计关系最大。

一、有实测水文资料时的枯水流量计算

当设计代表站有长系列实测径流资料时，可按年最小选样原则选取一年中最小的时段径流量，组成样本系列。

枯水流量常采用不足概率 q，即以小于和等于该径流的概率来表示，它和年最大选择的概率 p 有 $q=1-p$ 的关系。因此在系列排队时按由小到大排列。除此之外，年枯水流量频率曲线的绘制与时段径流频率曲线的绘制基本相同，也常采用 P-Ⅲ型频率曲线适线。图 5-6 为某水文站不同天数的枯水流量频率曲线的实例。

年枯水流量频率由线，在某些河流上，特别是在干旱半干旱地区的中小河流上，还会出现时段径流量为零的现象，可参阅含

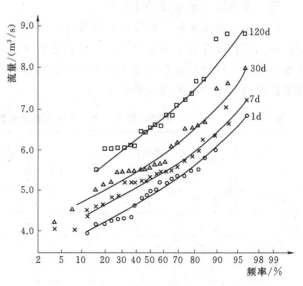

图 5-6　某水文站不同天数的枯水流量频率曲线

零系列的频率分析方法。此处只介绍一种简易的实用方法。

设系列的全部项数为 n，其中非零项数为 k，零值项数为 $n-k$。首先把 k 项非零资料视作一个独立系列，按一般方法求出其频率曲线。然后通过下列转换。即可求得全部系列的频率曲线。其转换关系为

$$p_{设} = \frac{k}{n} p_{非} \qquad (5-13)$$

式中　$p_{设}$——全系列的设计频率；

$p_{非}$——非零系列的相应频率。

在枯水流量频率曲线上，往往会出现在两端接近 $p=20\%$ 和 $p=90\%$ 处曲线转折现象。在 $p=20\%$ 以下的部分是河网及潜水逐渐枯竭，径流主要靠深层地下水补给。在 $p=90\%$，可能是某些年份有地表水补给，枯水流量偏大所致。

二、短缺水文资料时的枯水流量估算

当设计断面短缺径流资料时，设计枯水量主要借助于参证站延长系列或成果移置，与本章第三节所述方法基本相同。但枯水流量较之固定时段的径流，其时程变化更为稳定。因此，在与参证站建立径流相关时，效果会好一些。或者说，条件可以适当放宽。例如，当设计站只有少数几年资料，与参证站的相似性较好时，也可建立较好的枯水流量相关关系。在这种情况下，甚至可以不进行设计站的径流系列延长和频率分析，而直接移用参证站的频率分析成果，经上述相关关系转化为本站的相应频率的设计枯水流量。

在设计站完全没有径流资料的情况下还可以临时进行资料的补充收集工作，以应需要。如果能施测一个枯水季的流量过程，对于建立 30d 以下时段的枯水流量关系，有很大用处；如只研究日最小流量，那么在枯水期只施测几次流量（如 10 次流量），就可与参证站径流建立相关关系。

三、年际连续枯水段径流分析

有些大型蓄水工程，特别是具有多年调节性能的大型水库工程，在规划、设计和运行中，不仅要考虑年径流设计值，而且还要考虑年际连续枯水段出现的情况。年际连续枯水段是设计断面连续多年发生年径流偏枯的现象，为河川径流的一种特性，在我国许多河流上均有发现，见表 5-2。

表 5-2　　　　　　　　中国一些大河流上持续年数较长的连续枯水段

流　域	控制断面	多年平均流量 /(m³/s)	连续枯水段			
			起讫年份	年数	平均流量 /(m³/s)	模比系数[①] /%
松花江	哈尔滨	1190	1916～1927	12	678	57.0
黄河	三门峡	1350	1922～1932	11	994	73.6
鸭绿江	云峰	278	1939～1950	12	236	84.9
嫩江	布西	338	1967～1977	11	258	76.3
淮河	蚌埠	788	1970～1979	10	703	89.2

续表

流 域	控制断面	多年平均流量 /(m³/s)	连 续 枯 水 段			
			起讫年份	年数	平均流量 /(m³/s)	模比系数① /%
长江	汉口	23400	1955—1963	9	21322	91.1
沅江	五强溪	2060	1955—1966	12	1711	86.0
新安江	新安江	338	1956—1968	13	265	78.4
郁江	西津	1620	1952—1962	11	1314	81.1
闽江	竹岐	1750	1963—1972	10	1388	79.3
修水	柘林	254	1956—1965	10	210	82.6
汉江	安康	608	1965—1973	9	525	86.4
岷江	高场	2840	1969—1979	11	2570	90.0
平均						81.2

① 其值为连续枯水段平均流量与多年平均流量之比。

（一）连续枯水段的定义与选样

1. 连续枯水段定义

描述年径流丰枯程度的指标很多，其中较常用的一种指标是以年径流系列均值进行界定的：凡低于年径流均值的年份，均作为枯水年份。连续发生几个枯水年份，称枯水段。国际上在进行水文干旱持续性分析时，也常采用这一指标。

2. 连续枯水段选样

根据上述定义，可将全部年径流系列 N 年中长度为 n（$n=2$、3、4、…、n 年，根据工程设计需要而定）的连续枯水段——选出组成一个新的系列。其中径流变量可采用 n 年中的平均年径流量 $\overline{Q}_n = \sum Q_{年}/n$，并须注意各年的径流资料，只能统计到一个枯水段中，不要重复使用。显然这个新的 $\overline{Q}_n$ 系列的长度 N'（N' 因为有些年份并不属于枯水年份，而属于枯水范围，又不一定是连续出现的）只有在年径流系列长度 N 很大时，才有可能选出可供频率分析的连续枯水段样本。因此，往往需要设法延长年径流系列的长度。

另外，连续枯水段长度 n 愈大，选样愈困难，这时也可酌情放宽选样条件，如在连续枯水段中间，偶尔出现个别略大于多年年径流均值的平水年份，仍可作为连续枯水段加以统计。

（二）连续枯水段的重现期考证

当选出的连续枯水段系列的最小项在量级上比较突出，为连续特枯段时，就需对其出现的重现期进行考证。下面介绍一些可以试用的方法。

1. 历史资料考证法

在我国的历史文献中，关于旱情的记载很多，特别是对连续数年大旱记载尤详。全国、各大流域和各省（区、市）的历史水旱灾害专著，其中有系统整理的大量历史旱情资料，是考证历史连续枯水段重现期的重要文献，可资参考。

2. 树木年轮法

树木年轮的疏密，与年降水的丰枯往往有较好的对应性，在干旱、半干旱地区尤为明显。国内外均有利用树木年轮的变化重建降雨系列的经验，有的可将系列延长至200～300 年。从而可进一步对连续枯水段的重现期作出判断。

3. 随机模拟法

利用随机模拟技术，生成超长年径流系列，是另一种新的尝试，有的已初步应用于实践。此法弥补了年径流系列一般较短的缺陷，为连续枯水段的分析研究，提供了另一种有用途径。

（三）连续枯水段的频率分析

当连续枯水段径流系列组成以后，亦可仿年径流频率分析方法进行，但系列的排序，习惯上按由小到大。经验点据的绘制位置，仍按数学期望公式计算，即

$$p_n = M/(N+1) \qquad (5-14)$$

式中　　p_n——连续 n 年枯水段平均流量的频率，%；

　　　　M——$\overline{Q}_n$ 系列中事件的排位序数；

　　　　N——年径流系列的总长度，年。

这种频率曲线给出了连续 n 年枯水段在 N 年中发生的频率（图5-7），可以作为水资源利用工程规划设计的参考。至于工程对各项任务（如发电、城市及工业供水、灌溉等）的保证率或破坏率，仍需按水库运行设计，对采用的连续枯水段或全部年径流系列进行径流调节演算后加以确定。

各种不同持续年数（n）的连续枯水段径流频率综合绘制在一张图上，以资比较，并满足规划设计的不同要求。

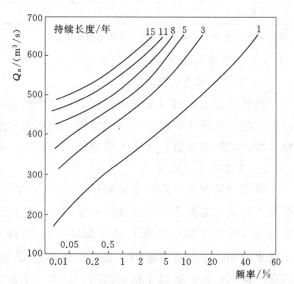

图 5-7　某设计断面连续枯水段
频率曲线示意图

课 后 扩 展

一、选择题

1. 我国年径流深分布的总趋势基本上是 〔　〕。

a. 自东南向西北递减　　　　　　b. 自东南向西北递增

c. 分布基本均匀　　　　　　　　d. 自西向东递增

2. 一般情况下，对于大流域由于下述原因，从而使径流的年际、年内变化减小〔　〕。

a. 调蓄能力弱，各区降水相互补偿作用大

b. 调蓄能力强，各区降水相互补偿作用小

c. 调蓄能力弱，各区降水相互补偿作用小

d. 调蓄能力强，各区降水相互补偿作用大

3. 频率为 $p=90\%$ 的枯水年的年径流量为 $Q_{90\%}$，则十年一遇枯水年是指 〔 　〕。

a. $\geqslant Q_{90\%}$ 的年径流量每隔十年必然发生一次

b. $\geqslant Q_{90\%}$ 的年径流量平均十年可能出现一次

c. $\leqslant Q_{90\%}$ 的年径流量每隔十年必然发生一次

d. $\leqslant Q_{90\%}$ 的年径流量平均十年可能出现一次

4. 频率为 $p=10\%$ 的丰水年的年径流量为 $Q_{10\%}$，则十年一遇丰水年是指 〔 　〕。

a. $\leqslant Q_{10\%}$ 的年径流量每隔十年必然发生一次；

b. $\geqslant Q_{10\%}$ 的年径流量每隔十年必然发生一次；

c. $\geqslant Q_{10\%}$ 的年径流量平均十年可能出现一次；

d. $\leqslant Q_{10\%}$ 的年径流量平均十年可能出现一次。

5. 甲乙两河，通过实测年径流量资料的分析计算，获得各自的年径流均值 $\overline{Q}_{甲}$、$\overline{Q}_{乙}$ 和变差系数 $C_{v甲}$，$C_{v乙}$ 如下：

甲河：$\overline{Q}_{甲}=100\text{m}^3/\text{s}$，$C_{v甲}=0.42$；乙河：$\overline{Q}_{乙}=500\text{m}^3/\text{s}$，$C_{v乙}=0.25$。

二者比较可知 〔 　〕。

a. 甲河水资源丰富，径流量年际变化大

b. 甲河水资源丰富，径流量年际变化小

c. 乙河水资源丰富，径流量年际变化大

d. 乙河水资源丰富，径流量年际变化小

6. 设计年径流量随设计频率 〔 　〕。

a. 增大而减小　　　b. 增大而增大　　　c. 增大而不变　　　d. 减小而不变

7. 在设计年径流的分析计算中，把短系列资料展延成长系列资料的目的是 〔 　〕。

a. 增加系列的代表性　　　　　　　b. 增加系列的可靠性

c. 增加系列的一致性　　　　　　　d. 考虑安全

8. 在典型年的选择中，当选出的典型年不止一个时，对灌溉工程应选取 〔 　〕。

a. 灌溉需水期的径流比较枯的年份

b. 非灌溉需水期的径流比较枯的年份

c. 枯水期较长，且枯水期径流比较枯的年份

d. 丰水期较长，但枯水期径流比较枯的年份

9. 在典型年的选择中，当选出的典型年不止一个时，对水电工程应选取 〔 　〕。

a. 灌溉需水期的径流比较枯的年份

b. 非灌溉需水期的径流比较枯的年份

c. 枯水期较长，且枯水期径流比较枯的年份

d. 丰水期较长，但枯水期径流比较枯的年份

10. 在进行频率计算时，说到某一重现期的枯水流量时，常以 〔 　〕。

a. 大于该径流的概率来表示

b. 大于和等于该径流的概率来表示

c. 小于该径流的概率来表示

d. 小于和等于该径流的概率来表示

二、判断题

1. 湿润地区，降水量较多，年径流系数大，从而使年径流量与年降水量关系密切。[　]

2. 干旱地区，降水量较少，年蒸发系数较大，从而使年径流量与年降水量关系不密切。[　]

3. 影响年径流变化的主要因素是下垫面因素。[　]

4. 流域上游修建引水工程后，使下游实测资料的一致性遭到破坏，在资料一致性改正中，一定要将资料修正到工程建成后的同一基础上。[　]

5. 年径流系列的代表性，是指该样本对年径流总体的接近程度。[　]

6. 《水文年鉴》上刊布的数字是按日历年分界的。[　]

7. 五年一遇的设计枯水年，其相应频率为80%。[　]

8. 设计年径流计算中，设计频率愈大其相应的设计年径流量就愈大。[　]

9. 在典型年的选择中，当选出的典型年不止一个时，对灌溉工程，应该选取枯水期较长，且枯水期径流又较枯的年份。[　]

10. 设计年径流年内分配计算中，由于采用同一缩放倍比来缩放丰、平、枯水三种典型年，因此称此为同倍比缩放法。[　]

三、问答题

1. 某流域下游有一个较大的湖泊与河流连通，后经人工围垦湖面缩小很多。试定性地分析围垦措施对正常年径流量、径流年际变化和年内变化有何影响？

2. 人类活动对年径流有哪些方面的影响？其中间接影响如修建水利工程等措施的实质是什么？如何影响年径流及其变化？

3. 水文资料的"三性"审查指的是什么？如何审查资料的代表性？

4. 缺乏实测资料时，怎样推求设计年径流量？

5. 推求设计年径流量的年内分配时，应遵循什么原则选择典型年？

四、计算题

1. 某流域的集水面积为 $600km^2$，其多年平均径流总量为5亿 m^3，试问其多年平均流量、多年平均径流深、多年平均径流模数为多少？

2. 某水库坝址处共有21年年平均流量 Q_i 的资料，已计算出 $\sum\limits_{i=1}^{21} Q_i = 2898m^3/s$，$\sum\limits_{i=1}^{21} (K_i - 1)^2 = 0.80$，其中 $K_i = \dfrac{Q_i}{\overline{Q}}$。

（1）求年径流量均值 $\overline{Q}$，变差系数 C_v，均方差 σ？

（2）设 $C_s = 2C_v$ 时，P-Ⅲ型曲线与经验点配合良好，试按表 5-3 求设计保证率为 90% 时的设计年径流量？

表 5－3　　　　　　　P－Ⅲ型曲线离均系数 **Φ** 值表 （p＝90%）

C_s	0.2	0.3	0.4	0.5	0.6
Φ	−1.26	−1.24	−1.23	−1.22	−1.20

3. 某河某站有 24 年实测径流资料，经频率计算已求得理论频率曲线为 P－Ⅲ型，年径流深均值 $\overline{R}=667\text{mm}$，$C_v=0.32$，$C_s=2.0C_v$，试结合表 5－4 求十年一遇枯水年和十年一遇丰水年的年径流深各为多少？

表 5－4　　　　　　　　P－Ⅲ型曲线离均系数 **Φ** 值表

C_s \ $p/\%$	1	10	50	90	99
0.64	2.78	1.33	−0.09	−0.19	−1.85
0.66	2.79	1.33	−0.09	−0.19	−1.84

4. 某水文站多年平均流量 $\overline{Q}=328\text{m}^3/\text{s}$，$C_v=0.25$，$C_s=0.60$，试结合表 5－5 在 P－Ⅲ型频率曲线上推求设计频率 $p=95\%$ 的年平均流量？

表 5－5　　　　　　　P－Ⅲ型频率曲线离均系数 Φ_p 值表

C_s \ $p/\%$	20	50	75	90	95	99
0.20	0.83	−0.03	−0.69	−1.26	−1.59	−2.18
0.40	0.82	−0.07	−0.71	−1.23	−1.52	−2.03
0.60	0.80	−0.10	−0.72	−1.20	−1.45	−1.88

5. 设某站只有 1998 年一年的实测径流资料，其年平均流量 $\overline{Q}=128\text{m}^3/\text{s}$。而临近参证站（各种条件和本站都很类似）则有长期径流资料，并知其 $C_v=0.30$，$C_s=0.60$，它的 1998 年的年径流量在频率曲线上所对应的频率恰为 $p=90\%$。试按水文比拟法估算本站的多年平均流量 $\overline{Q}$？（离均系数 Φ_p 值见表 5－6）

表 5－6　　　　　　　P－Ⅲ型频率曲线离均系数 Φ_p 值表

C_s \ $p/\%$	20	50	75	90	95	99
0.20	0.83	−0.03	−0.69	−1.26	−1.59	−2.18
0.40	0.82	−0.07	−0.71	−1.23	−1.52	−2.03
0.60	0.80	−0.10	−0.72	−1.20	−1.45	−1.88

第六章 由流量资料推求设计洪水

本章学习的内容和意义：在进行水利水电工程设计时，为了建筑物本身的安全和防护区的安全，必须按照某种标准的洪水进行设计，这种作为水工建筑物设计依据的洪水称为设计洪水。设计洪水包含三个要素，即设计洪峰流量、设计洪水总量和设计洪水过程线。按工程性质不同，设计洪水分为：水库设计洪水；下游防护对象的设计洪水；施工设计洪水；堤防设计洪水、桥涵设计洪水等。推求设计洪水有多种途径，本章研究由流量资料推求设计洪水，目的是解决水库、堤防、桥涵等工程设计洪水的计算问题。

第一节 概　述

6-1
设计洪水概述

设计洪水是指水利水电工程规划、设计中所指定的各种设计标准的洪水。合理分析计算设计洪水，是水利水电工程规划设计中首先要解决的问题。

在河流上筑坝建库能在防洪方面发挥很大的作用，但是，水库本身却直接承受着洪水的威胁，一旦洪水漫溢坝顶，将会造成严重灾害。为了处理好防洪问题，在设计水工建筑物时，必须选择一个相应的洪水作为依据，若此洪水定得过大，则会使工程造价增多而不经济，但工程却比较安全；若此洪水定得过小，虽然工程造价降低，但遭受破坏的风险增大。如何选择对设计的水工建筑物较为合适的洪水作为依据，涉及一个标准问题，称为设计标准。确定设计标准是一个非常复杂的问题，国际上尚无统一的设计标准。按照中华人民共和国国家标准《防洪标准》（GB 50201—2014）和水利行业标准《水利水电工程等级划分及洪水标准》（SL 252—2017）的规定，我国目前根据工程规模、效益和在国民经济中的重要性，将水利水电枢纽工程分为五等，其等别见表 6-1。

表 6-1　　　　　　　　　　　水利水电枢纽工程的等别

工程等别	水库		防洪		治涝	灌溉	供水	水电站
	工程规模	总库容/亿 m³	城镇及工矿企业的重要性	保护农田/万亩	治涝面积/万亩	灌溉面积/万亩	城镇及工矿企业的重要性	装机容量/万 kW
Ⅰ	大（1）型	>10	特别重要	>500	>200	>150	特别重要	>120
Ⅱ	大（2）型	10～1.0	重要	500～100	200～60	150～50	重要	120～30
Ⅲ	中型	1.0～0.10	中等	100～30	60～15	50～5	中等	30～5
Ⅳ	小（1）型	0.10～0.01	一般	30～5	15～3	5～0.5	一般	5～1
Ⅴ	小（2）型	0.01～0.001		<5	<3	<0.5		<1

水利水电枢纽工程的水工建筑物，根据所属枢纽工程的等别，作用和重要性分为5级，其级别见表6-2。

表6-2 水工建筑物的级别

工程等别	永久性水工建筑物级别		临时性水工建筑物级别
	主要建筑物	次要建筑物	
Ⅰ	1	3	4
Ⅱ	2	3	4
Ⅲ	3	4	5
Ⅳ	4	5	5
Ⅴ	5	5	

设计时根据建筑物级别选定不同频率作为防洪标准。这样，把洪水作为随机现象，以概率形式估算未来的设计值，同时以不同频率来处理安全和经济的关系。

水利水电工程建筑物防洪标准分为正常运用和非常运用两种。按正常运用洪水标准算出的洪水称为设计洪水，用它来决定水利水电枢纽工程的设计洪水位、设计泄洪流量等，宣泄正常运用洪水时，泄洪设施应保证安全和正常运行。规范规定的设计洪水标准见表6-3。

当河流发生比设计洪水更大的洪水时，选定一个非常运用洪水标准进行计算，算出的洪水称为非常运用洪水或校核洪水。规范规定的校核洪水标准见表6-3。

表6-3 水库工程水工建筑物的防洪标准

水工建筑物级别	防洪标准［重现期/年］				
	山区、丘陵区			平原区、滨海区	
	设 计	校 核		设 计	校 核
		混凝土坝、浆砌石坝及其他水工建筑物	土坝、堆石坝		
1	1000～500	5000～2000	可能最大洪水（PMF）或10000～5000	300～100	2000～1000
2	500～100	2000～1000	5000～2000	100～50	1000～300
3	100～50	1000～500	2000～1000	50～20	300～100
4	50～30	500～200	1000～300	20～10	100～50
5	30～20	200～100	300～200	10	50～20

水利水电枢纽工程的泄洪设施，在有条件时，可分为正常和非常设施两部分，宣泄非常运用洪水时，泄洪设施应保证满足泄量的要求，可允许消能设施和次要建筑物部分破坏，但不应影响枢纽工程主要建筑物的安全或发生河流改道等重大灾害性后果。有关永久性水工建筑物的坝、闸顶部安全超高和抗滑稳定安全系数在水工专业规范中有规定，这里不另述。

设计洪水包括设计洪峰流量、不同时段设计洪量及设计洪水过程线三个要素。推求设计洪水的方法有两种类型，即由流量资料推求设计洪水和由暴雨资料推求设计洪水。当必须采用可能最大洪水作为非常运用洪水标准时，则由水文气象资料推求可能最大暴雨，然后计算可能最大洪水。

第二节　设计洪峰流量及设计洪量的推求

6-2-1

由流量资料
推求设计洪
水（一）

由流量资料推求设计洪峰及不同时段的设计洪量，可以使用数理统计方法，计算符合设计标准的数值，一般称为洪水频率计算。

一、资料审查

在应用资料之前，首先要对原始水文资料进行审查，洪水资料必须可靠，具有必要的精度，而且，具备频率分析所必需的某些统计特性，例如洪水系列中各项洪水相互独立，且服从同一分布等。

除审查资料的可靠性之外，还要审查资料的一致性和代表性。

为使洪水资料具有一致性，要在调查观测期中，洪水形成条件相同，当使用的洪水资料受人类活动如修建水工建筑物、整治河道等的影响有明显变化时，应进行还原计算，使洪水资料换算到天然状态的基础上。

洪水资料的代表性，反映在样本系列能否代表总体的统计特性，而洪水的总体又难获得。一般认为，资料年限较长，并能包括大、中、小等各种洪水年份，则代表性较好。由此可见，通过古洪水研究，历史洪水调查，考证历史文献和系列插补延长等增加洪水系列的信息量方法，是提高洪水系列代表性的基本途径。

根据我国现有水文观测资料情况，认为坝址或其上下游具有较长期的实测洪水资料（一般需要 30 年以上），并有历史洪水调查和考证资料时，可用频率分析法计算设计洪水。

二、样本选取

河流上一年内要发生多次洪水，每次洪水具有不同历时的流量变化过程，如何从洪水系列资料中选取表征洪水特征值的样本，是洪水频率计算的首要问题。我们采用年最大值原则选取洪水系列，即从资料中逐年选取一个大流量和固定时段的最大洪水总量，组成洪峰流量和洪量系列。固定时段一般采用 1d、3d、5d、7d、15d、30d。大流域、调洪能力大的工程，设计时段可以取得长一些；小流域、调洪能力小的工程，可以取得短一些。

在设计时段以内，还必须确定一些控制时段，即洪水过程对工程调洪后果起控制作用的时段，这些控制时段洪量应具有相同的设计频率。同一年内所选取的控制时段洪量，可发生在同一次洪水中，也可不发生在同一次洪水中，关键是选取其最大值。例如，图 6-1 中最大 1d 洪量与 3d、5d 洪量不属于同一次洪水。

三、特大洪水的处理

特大洪水是指实测系列和调查到的历史洪水中，比一般洪水大得多的稀遇洪水。我国观测流量资料系列一般不长，通过插补延长的系列也有限，若只根据短系列资料作频率计算时，当出现一次新的大洪水以后，设计洪水数值就会发生变动，所得成果很不稳定。如果在频率计算中能够正确利用特大洪水资料，则会提高计算成果的稳定性。

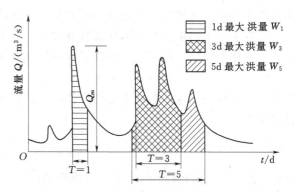

特大洪水一般指的是历史洪水，但是在实测洪水系列中，若有大于历史洪水或数值相当大的洪水，也作为特大洪水。洪水系列（洪峰或洪量）有两种情况，一是系列中没有特大洪水值，在频率计算时，各项数值直接按大小次序统一排位，各项之间没有空位，序数

图 6-1　年最大值法选样示意图

m 是连序的，称为连序系列，如图 6-2（a）所示；二是系列中有特大洪水值，特大洪水值的重现期（N）必然大于实测系列年数 n，而在 $N-n$ 年内各年的洪水数值无法查得，它们之间存在一些空位，由大到小是不连序的，称为不连序系列，如图 6-2（b）所示。

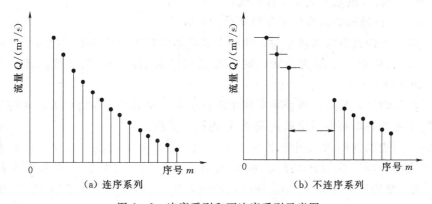

图 6-2　连序系列和不连序系列示意图

特大洪水处理的关键是特大洪水重现期的确定和经验频率计算。特大洪水中历史洪水的数值确定以后，要分析其在某一代表年限内的大小序位，以便确定洪水的重现期。目前我国根据资料来源不同，将与确定历史洪水代表年限有关的年份分为实测期、调查期和文献考证期。

实测期是从有实测洪水资料年份开始至今的时期。调查期是在实地调查到若干可以定量的历史大洪水的时期。文献考证期是从具有连续可靠文献记载历史大洪水的时期。调查期以前的文献考证期内的历史洪水，一般只能确定洪水大小等级和发生次数，不能定量。

历史洪水包括实测期内发生的特大洪水，都要在历史洪水代表年限中进行排位，在排位时不仅要考虑已经确定数值的特大洪水，也要考虑不能定量但能确定其洪水等级的历史洪水，并排出序位。

在洪水频率计算中，经验频率是用来估计系列中各项洪水的超过概率，以便在机率格纸上绘制洪水坐标点，构成经验分布，因此，首先要估算系列的经验频率。

连序系列中各项经验频率的计算方法，已在第四章中论述，不予重复。

不连序系列的经验频率，有以下两种估算方法：

（1）把实测系列与特大值系列都看作是从总体中独立抽出的两个随机连续样本，各项洪水可分别在各个系列中进行排位，实测系列的经验频率仍按连续系列经验频率公式计算。

$$p_m = \frac{m}{n+1} \tag{6-1}$$

式中　p_m——实测系列第 m 项的经验频率；

　　　m——实测系列由大至小排列的序号；

　　　n——实测系列的年数。

特大洪水系列的经验频率计算公式为

$$p_M = \frac{M}{N+1} \tag{6-2}$$

式中　p_M——特大洪水第 M 序号的经验频率；

　　　M——特大洪水由大至小排列的序号；

　　　N——自最远的调查考证年份至今的年数。

当实测系列内含有特大洪水时，此特大洪水亦应在实测系列中占序号。例如，实测为 30 年，其中有一个特大洪水，则一般洪水最大项应排在第二位，其经验频率 $p_2 = 2/(30+1) = 0.0645$。

（2）将实测系列与特大值系列共同组成一个不连序系列，作为代表总体的一个样本，不连续系列各项可在历史调查期 N 年内统一排位。

假设在历史调查期 N 年中有特大洪水 a 项，其中有 l 项发生在 n 年实测系列之内；序列中的 a 项特大洪水的经验频率仍用式（6-2）计算。实测系列中其余的 $(n-l)$ 项，则均匀分布在 $1-p_{Ma}$ 频率范围内，p_{Ma} 为特大洪水第末项 $M=a$ 的经验频率，即

$$p_{Ma} = \frac{a}{N+1} \tag{6-3}$$

实测系列第 m 项的经验频率计算公式为

$$p_m = p_{Ma} + (1 - p_{Ma}) \frac{m-l}{n-l+1} \tag{6-4}$$

上述两种方法，我国目前都在使用，第一种方法比较简单，但在使用式（6-1）和式（6-2）点绘不连序系列时，会出现所谓的"重叠"现象，而且在假定不连序系列是两个相互独立的连序样本条件下，没有对式（6-1）作严格的推导。当调查考证期 N 年中为首的数项历史洪水确系连序而无错漏，为避免历史洪水的经验频率与实测系列的经验频率的重叠现象，采用第二种方法较为合适。

四、频率曲线及统计参数

样本系列各项的经验频率确定之后，就可以在机率格纸上确定经验频率点据的位置。点绘时，可以用不同符号分别表示实测、插补和调查的洪水点据，其为首的若干

6-2-2 ▶

由流量资料
推求设计洪
水（二）

个点据应标明其发生年份。通过点据中心，可以目估绘制出一条光滑的曲线，称为经验频率曲线。由于经验频率曲线是由有限的实测资料算出的，当求稀遇设计洪水数值时，需要对频率曲线进行外延。

我国频率曲线线型一般采用皮尔逊Ⅲ型，它能较好地拟合大多数系列的理论线型，供有关工程设计使用。有关皮尔逊Ⅲ型频率曲线的性质、数学模式、参数估计以及频率计算等问题，已在第四章作了详细论述，本节不重复。

从皮尔逊Ⅲ型频率曲线的特性来看，其上端随频率的减小迅速递增以至趋向无穷，曲线下端在 $C_s > 2$ 时趋于平坦，而实测值又往往很小，对于这些干旱半干旱地区的中小河流，即使调整参数，也很难得出满意的适线成果，对于这种特殊情况，经分析研究，也可采用其他线型。

在经验频率点据和频率曲线线型确定之后，通过调整参数使曲线与经验频率点据配合得最好，此时的参数就是所求的曲线线型的参数，从而可以计算设计洪水值。适线法的原则是尽量照顾点群的趋势，使曲线通过点群中心，当经验点据与曲线线型不能全面拟合时，可侧重考虑上中部分的较大洪水点据，对调查考证期内为首的几次特大洪水，要作具体分析。一般说来，年代愈久的历史特大洪水加入系列进行配线，对合理选定参数的作用愈大，但这些资料本身的误差可能较大。因此，在适线时不宜机械地通过特大洪水点据，否则使曲线对其他点群偏离过大，但也不宜脱离大洪水点据过远。

用适线法估计频率曲线的统计参数分为初步估计参数、用适线法调整初估值以及对比分析三个步骤。

矩法是一种简单的经典参数估计方法，它无须事先选定频率曲线线型，因而是洪水频率分析中广泛使用的一种方法。由矩法估计的参数及由此求得的频率曲线总是系数偏小，其中尤以 C_s 偏小更为明显。

在用矩法初估参数时，对于不连序系列，假定 $n-l$ 年系列的均值和均方差与除去特大洪水后的 $N-a$ 年系列的相等，即 $\overline{x}_{N-a} = \overline{x}_{n-l}$，$\sigma_{N-a} = \sigma_{n-l}$，可以导出参数计算公式：

$$\overline{x} = \frac{1}{N}\left[\sum_{j=1}^{a} x_j + \frac{N-a}{n-l}\sum_{i=l+1}^{n} x_i\right] \tag{6-5}$$

$$C_v = \frac{1}{\overline{x}}\sqrt{\frac{1}{N-1}\left[\sum_{j=1}^{a}(x_j - \overline{x})^2 + \frac{N-a}{n-l}\sum_{i=l+1}^{n}(x_i - \overline{x})^2\right]} \tag{6-6}$$

式中　x_j——特大洪水，$j = 1, 2, \cdots, a$；

　　　x_i——一般洪水，$i = l+1, l+2, \cdots, n$；

其余符号意义同前。

偏态系数 C_s 属于高阶矩，用矩法算出的参数值及由此求得的频率曲线与经验点据往往相差较大，故一般不用矩法计算，而是参考附近地区资料选定一个 C_s/C_v 值。对于 $C_v < 0.5$ 的地区，可试用 $C_s/C_v = 3 \sim 4$ 进行配线；对于 $0.5 < C_v < 1.0$ 的地区，可试用 $C_s/C_v = 2.5 \sim 3.5$ 进行配线；对于 $C_v > 1.0$ 的地区，可试用 $C_s/C_v = 2 \sim 3$ 进行配线。

五、推求设计洪峰、洪量

根据上述方法计算的参数初估值，用适线法求出洪水频率曲线，然后在频率曲线上求得相应于设计频率的设计洪峰和各统计时段的设计洪量。

有关水文频率曲线适线法的步骤、计算实例，以及适线时应考虑的事项，已在第四章作了具体介绍，本节不再重复。

在洪水峰量计算中，不可避免地存在各种误差，为了防止因各种原因带来的差错，必须对计算成果进行合理性检查，以便尽可能地提高精度。检查工作一般从以下三个方面进行：

（1）根据本站频率计算成果，检查洪峰、各时段洪量的统计参数与历时之间的关系，一般说来，随着历时的增加，洪量的均值也逐渐增大，而时段平均流量的均值则随历时的增加而减小。C_v、C_s 在一般情况下随历时的增长而减小，但对于连续暴雨次数较多的河流，随着历时的增长，C_v、C_s 反而加大，如浙江省新安江流域就有这种现象。所以参数的变化还要和流域的暴雨特性和河槽调蓄作用等因素联系起来分析。

另外还可以从各种历时的洪量频率曲线对比分析，要求各种曲线在使用范围内不应有交叉现象，当出现交叉时，应复查原始资料和计算过程有无错误，统计参数是否选择得当。

（2）根据上下游站、干支流站及邻近地区各河流洪水的频率分析成果进行比较，如气候、地形条件相似，则洪峰、洪量的均值应自上游向下游递增，其模数则由上游向下游递减。

如将上下游站、干支流站同历时最大洪量的频率曲线绘在一起，下游站、干流站的频率曲线应高于上游站和支流站，曲线间距的变化也有一定的规律。

（3）暴雨频率分析成果进行比较。一般说来，洪水的径流深应小于相应天数的暴雨深，而洪水的 C_v 值应大于相应暴雨量的 C_v 值。

以上所述，可作为成果合理性检查的参考，如发现明显的不合理之处，应分析原因，将成果加以修正。

第三节　设计洪水过程线的推求

设计洪水过程线是指具有某一设计标准的洪水过程线。但是，洪水过程线的形状千变万化，且洪水每年发生的时间也不相同，是一种随机过程，目前尚无完善的方法直接从洪水过程线的统计规律求出一定频率的过程线。尽管已有人从随机过程的角度，对过程线作模拟研究，但尚未达到实用的目的。为了适应工程设计要求，目前仍采用放大典型洪水过程线的方法，使其洪峰流量和时段洪水总量的数值等于设计标准的频率值，即认为所得的过程线是待求的设计洪水过程线。

放大典型洪水过程线时，根据工程和流域洪水特性，可选用同频率放大法或同倍比放大法。

一、典型洪水过程线的选择

典型洪水过程线是放大的基础，从实测洪水资料中选择典型时，资料要可靠，同时应考虑下列条件：

（1）选择峰高量大的洪水过程线，其洪水特征接近于设计条件下的稀遇洪水情况。

（2）要求洪水过程线具有一定的代表性，即它的发生季节、地区组成、洪峰次数、峰量关系等能代表本流域上大洪水的特性。

（3）从水库防洪安全着眼，选择对工程防洪运用较不利的大洪水典型，如峰型比较集中，主峰靠后的洪水过程。

一般按上述条件初步选取几个典型，分别放大，并经调洪计算，取其中偏于安全的作为设计洪水过程线的典型。

二、放大方法

目前采用的典型放大方法有峰量同频率控制方法（简称同频率放大法）和按峰或量同倍比控制方法（简称同倍比放大法）。

1. 同频率放大法

此法要求放大后的设计洪水过程线的峰和不同时段（1d、3d、…）的洪量均分别等于设计值。具体做法是先由频率计算求出设计的洪峰值 Q_{mp} 和不同时段的设计洪量值 W_{1p}、W_{3p}、…，并求典型过程线的洪峰 Q_{mD}，和不同时段的洪量 W_{1D}、W_{3D}、…，然后按洪峰、最大 1d 洪量、最大 3d 洪量、……的顺序，采用以下不同倍比值分别将典型过程进行放大。

洪峰放大倍比为

$$R_{Q_m} = \frac{Q_{mp}}{Q_{mD}} \tag{6-7}$$

最大 1d 洪量放大倍比为

$$R_1 = \frac{W_{1p}}{W_{1D}} \tag{6-8}$$

最大 3d 洪量中除最大 1d 外，其余 2d 的放大倍比为

$$R_{1\sim3} = \frac{W_{3p} - W_{1p}}{W_{3D} - W_{1D}} \tag{6-9}$$

以上说明，最大 1d 洪量包括在最大 3d 洪量之中，同理，最大 3d 洪量包括在最大 7d 洪量之中，得出的洪水过程线上的洪峰和不同时段的洪量，恰好等于设计值。时段划分视过程线的长度而定，但不宜太多，一般以 3 段或 4 段为宜。由于各时段放大倍比不相等，放大后的过程线在时段分界处出现不连续现象，此时可徒手修匀，修匀后仍应保持洪峰和各时段洪量等于设计值。如放大倍比相差较大，要分析原因，采取措施，消除不合理的现象。

【例 6-1】 某水库设计标准 $p=1\%$ 的洪峰和 1d、3d、7d 洪量，以及典型洪水过程线的洪峰和 1d、3d、7d 洪量列于表 6-4。要求用分时段同频率放大法，推求 $p=1\%$ 的设计洪水过程线。

表 6 - 4　　　　　　　　　　　某水库洪峰、洪量统计表

项　目	洪峰流量 /(m³/s)	洪量 $W/[(m^3/s) \cdot h]$		
		1d	3d	7d
$p=1\%$ 的设计洪峰、洪量	2610	1525	2875	3870
典型洪水过程线的洪峰、洪量	1810	1085	1895	2565

解：首先，计算洪峰和各时段洪量的放大倍比。

$$R_{Q_m}=\frac{2610}{1810}=1.44$$

$$R_1=\frac{1525}{1085}=1.41$$

$$R_{1\sim3}=\frac{2875-1525}{1895-1085}=1.67$$

$$R_{3\sim7}=\frac{3870-2875}{2565-1895}=1.49$$

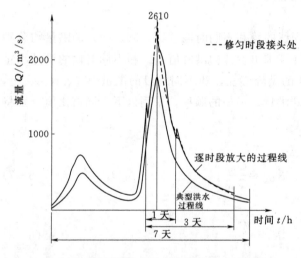

图 6 - 3　同频率放大法推求设计洪水过程线

其次，将典型洪水过程线的洪峰和不同时段的洪量乘以相应的放大系数，得放大的设计洪水过程线（图 6 - 3）。由于各时段放大倍比值不同，时段分界处出现不连续现象，可徒手修匀（图 6 - 3）的虚线，最后得所求的设计洪水过程线。

2. 同倍比放大法

此法是按洪峰或洪量同一个倍比放大典型洪水过程线的各纵坐标值，从而求得设计洪水过程线。因此，此法的关键在于确定以谁为主的放大倍比值。如果以洪峰控制，其放大倍比为

$$K_Q=\frac{Q_{mp}}{Q_{mD}} \qquad (6-10)$$

式中　K_Q——以峰控制的放大系数；

其余符号意义同前。

如果以量控制，其放大倍比为

$$K_{Wt}=\frac{W_{tp}}{W_{tD}} \qquad (6-11)$$

式中　K_{Wt}——以量控制的放大系数；

　　　W_{tp}——控制时段 t 的设计洪量；

W_{tD}——典型过程线在控制时段 t 的最大洪量。

采用同倍比放大时，若放大后洪峰或某时段洪量超过或低于设计值很多，且对调洪结果影响较大时，应另选典型。

在上述两种方法中，用同频率放大法求得的洪水过程线，比较符合设计标准，计算成果较少受所选典型不同的影响，但改变了原有典型的雏形，适用于峰量均对水工建筑物防洪安全起控制作用的工程。同倍比放大法计算简便，适用于峰量关系较好的河流，以及防洪安全主要由洪峰或某时段洪量控制的水工建筑物。

第四节 分期设计洪水及入库设计洪水

一、分期设计洪水

为了水库管理调度运用和施工期防洪的需要，必须计算分期设计洪水。所谓分期设计洪水是指一年中某个时段所拟定的设计洪水。计算分期设计洪水的方法是在分析流域洪水季节性规律的基础上，按照设计和管理要求，把整个年内划分为若干个分期，然后在分期的时段内，按年最大值法选样，进行频率计算。

（一）洪水季节性变化规律分析和分期划分

划定分期洪水时，应对设计流域洪水季节性变化规律进行分析，并结合工程的要求来考虑。分析时要了解天气成因在季节上的差异，年内不同时期洪水峰量数值及特性（如均值、变差系数）的变化，全年最大洪水出现在各个季节的情况，以及不同季节洪水过程的形状等。同时，可根据本流域的资料，将历年各次洪水以洪峰发生日期或某一定历时最大洪量的中间日期为横坐标，以相应洪水的峰量数值为纵坐标，点绘洪水年内分布图，并描绘平顺的外包线，如图6-4所示，如有调查的特大洪水，亦应点绘于图上。

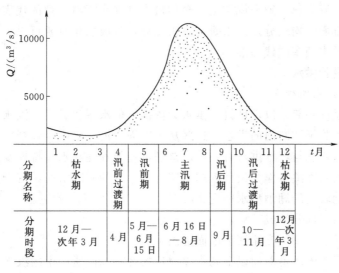

图6-4 某站洪水年内分布图及分期

在天气成因分析和上述实测资料统计基础上，并考虑工程设计的要求，划定分期洪水的时段。

分期的一般原则为：尽可能根据不同成因的洪水，把全年划分为若干分期。

分期的起讫日期应根据流域洪水的季节变化规律，并考虑设计需要确定。分期不宜太短，一般以不短于 1 个月为宜。由于洪水出现的偶然性，各年分期洪水的最大值不一定正好在所定的分期内，可能往前或往后错开几天，因此，在用分期年最大选样时，有跨期和不跨期两种选样方法。跨期选样时，为了反映每个分期的洪水特征，跨期选样的日期不宜超过 5～10 日。

（二）分期设计洪水的计算方法

（1）分期划定后，分期洪水一般在规定时段内，按年最大值法选择。当一次洪水过程位于两个分期时，视其洪峰流量或时段洪量的主要部分位于何期，就作为该期的样本，不做重复选择，这种选取方法称为不跨期选样。

（2）分期特大洪水的经验频率计算，应根据调查考证资料，结合实测系列分析，重新论证，合理调整。

分期洪水的统计参数计算和配线方法与年最大洪水相同。对施工洪水，由于设计标准较低，当具有较长资料时，一般可由经验频率曲线查取设计值。

（3）分期设计洪水过程线仍可按本章第三节所述方法进行计算。但是，施工初期围堰往往以抗御洪峰为主，一般只要求设计洪峰流量；大坝合龙后，则以某个时段的设计洪量为主要控制，故要求设计洪峰和一定时段的设计洪量，如进行调洪，则需要设计洪水过程线。中小型工程的施工设计洪水，一般只需要分期设计洪峰。

（4）将各分期洪水的峰量频率曲线与全年最大洪水的峰量频率曲线画在同一张机率格纸上，检查其相互关系是否合理。如果它们在设计频率范围内发生交叉现象，即稀遇频率的分期洪水大于同频率的全年最大洪水，此时应根据资料情况和洪水的季节性变化规律予以调整。一般来说，由于全年最大洪水在资料系列的代表性、历史洪水的调查考证等方面，均较分期洪水研究更为充分，其成果相对较可靠。调整时一般应以历时较长的洪水频率曲线为准。

二、入库设计洪水

（一）入库洪水的概念

水库防洪设计一般是以坝址设计洪水为依据。但水库建成后，洪水是从水库周边汇入水库，而不是坝址断面的洪水，这些从水库周边汇入水库（包括入库断面）的洪水称为入库洪水，它与坝址洪水有一定的差别，差异程度与水库特性及典型洪水的时空分布有关。用入库洪水作为设计依据更符合建库后的实际情况，特别是对坝址洪水与入库洪水差别较大的湖泊型水库更为必要。

入库洪水由三部分组成：

（1）水库回水末端干支流河道断面的洪水。

（2）上述干支流河道断面以下到水库周边的区间陆面所产生的洪水。

（3）水库库面的降水量。

入库洪水与坝址洪水的主要差异表现在：

（1）库区产流条件改变，使入库洪水的洪量增大。水库建成后，水库回水淹没区由原来的陆面变成水面，产流条件相应发生了变化。在洪水期间库面由陆地产流变为水库水面直接承纳降水，由原来的陆面蒸发损失变成水面蒸发损失。

（2）流域汇流时间缩短，入库洪峰流量出现时间提前，涨水段的洪量大增。建库后，洪水由干支流的回水末端和水库周边入库，洪水在库区的传播时间比原河道的传播时间缩短，洪峰出现的时间相应提前，而库面降水集中于涨水段，涨水时段的洪量增大。

（3）河道被回水淹没成为库区。原河槽调蓄能力丧失，再加上干支流和区间陆面洪水常易遭遇，使得入库洪水的洪峰增高，峰形更尖瘦。

（二）入库洪水的分析计算方法

建库前，水库的入库洪水不能直接测得，一般是根据水库特点、资料条件，采用不同的方法分析计算。依据资料不同，可分为由流量资料推求入库洪水和由雨量资料推求入库洪水两种类型。

由流量推求入库洪水又可分为：

（1）流量叠加法。分别推算干支流和区间等各部分的洪水，然后演进到入库断面处，再同时刻叠加，即得入库洪水。这种方法概念明确，只要坝址以上干支流有实测资料，区间洪水估计得当，一般计算成果较满意。

（2）马斯京根法。当汇入水库周边的支流较少，坝址处有实测水位流量资料，干支流入库点有部分实测资料时，可根据坝址洪水资料用马斯京根法，即反演进的方法推求入库洪水。这种方法对资料的要求较少，计算也比较简便，本书不做具体推求。

（3）槽蓄曲线法。当干支流缺乏实测洪水资料，但库区有较完整的地形资料时，可利用河道平面图和纵横断面图，根据不同流量的水面线（实测、调查或推算得来）绘制库区河段的槽蓄曲线，采用联解槽蓄曲线与水量平衡的方法，由坝址洪水推求入库洪水。本方法计算成果的可靠程度与槽蓄曲线的精度有关。

（4）水量平衡法。水库建成后，可用坝前水库水位、库容曲线和出库流量等资料用水量平衡法推算入库洪水。计算式为

$$\overline{I}=\overline{O}+\frac{\Delta V_{损}}{\Delta t}+\frac{\Delta V}{\Delta t} \qquad (6-12)$$

式中　$\overline{I}$——时段平均入库流量，m^3/s；

$\overline{O}$——时段平均出库流量，m^3/s；

$\Delta V_{损}$——水库损失水量，m^3；

ΔV——时段始末水库蓄水量变化值，m^3；

Δt——计算时段，s。

平均出库流量包括：溢洪道流量、泄洪洞流量及发电流量等，也可采用坝下游实测流量资料作为出库流量。

水库损失水量包括：水库的水面蒸发和枢纽、库区渗漏损失等。一般情况下，在洪水期间，此项数值不大，可忽略不计。

水库蓄水量变化值，一般可用时段始末的坝前水位和静库容曲线确定，如动库容

（受库区流量的影响，库区水面线不是水平的，此时水库的库容称动库容）较大，对推算洪水有显著影响，宜改用动库容曲线推算。

第五节　设计洪水的地区组成

为研究流域开发方案，计算水库对下游的防洪作用，以及进行梯级水库或水库群的联合调洪计算等问题，需要分析设计洪水的地区组成。也就是说计算当下游控制断面发生某设计频率的洪水时，其上游各控制断面和区间相应的洪峰洪量及其洪水过程线。

由于暴雨分布不均，各地区洪水来量不同，各干支流来水的组合情况十分复杂，因此洪水地区组成的研究与上述某断面设计洪水的研究方法不同，必须根据实测资料，结合调查资料和历史文献，对流域内洪水地区组成的规律性进行综合分析。分析时应着重暴雨、洪水的地区分布及其变化规律；历史洪水的地区组成及其变化规律；各断面峰量关系以及各断面洪水传播演进的情况等。为了分析研究设计洪水不同的地区组成对防洪的影响，通常需要拟定若干个以不同地区来水为主的计算方案，并经调洪计算，从中选定可能发生而又能满足设计要求的成果。

现行洪水地区组成的计算常用典型年法和同频率地区组成法。

1. 典型年法

典型年法是从实测资料中选择几次有代表性、对防洪不利的大洪水作为典型，以设计断面的设计洪量作为控制，按典型年的各区洪量组成的比例计算各区相应的设计洪量。

本方法简单、直观，是工程设计中常用的一种方法，尤其适用于分区较多、组成比较复杂的情况，但此法因全流域各分区的洪水均采用同一个倍比放大，可能会使某个局部地区的洪水放大后其频率小于设计频率，值得注意。

2. 同频率地区组成法

同频率地区组成法是根据防洪要求，指定某一分区出现与下游设计断面同频率的洪量，其余各分区的相应洪量按实际典型组成比例分配。一般有以下两种组成方法：

（1）当下游断面发生设计频率 p 的洪水 $W_{下p}$ 时，上游断面也发生频率 p 的洪水 $W_{上p}$，而区间为相应的洪水 $W_区$，即

$$W_区 = W_{下p} - W_{上p} \qquad (6-13)$$

（2）当下游断面发生设计频率 p 的洪水 $W_{下p}$，区间发生频率 p 的洪水 $W_{区p}$，上游断面也发生相应的洪水 $W_上$，即

$$W_上 = W_{下p} - W_{区p} \qquad (6-14)$$

必须指出，同频率地区组成法适用于某分区洪水与下游设计断面的相关关系比较好的情况。同时由于河网调节的影响，一般不能用同频率地区组成法来推求设计洪峰流量的地区组成。

课 后 扩 展

一、选择题

1. 设计洪水是指 〔　〕。

a. 符合设计标准要求的洪水　　　　b. 设计断面的最大洪水

c. 任一频率的洪水　　　　　　　　d. 历史最大洪水

2. 设计洪水的三个要素是 〔　〕。

a. 设计洪水标准、设计洪峰流量、设计洪水历时

b. 洪峰流量、洪水总量和洪水过程线

c. 设计洪峰流量、1d 洪量、3d 洪量

d. 设计洪峰流量、设计洪水总量、设计洪水过程线

3. 大坝的设计洪水标准比下游防护对象的防洪标准 〔　〕。

a. 高　　　　　b. 低　　　　　c. 一样　　　　　d. 不能肯定

4. 选择水库防洪标准是依据 〔　〕。

a. 集水面积的大小　b. 大坝的高度　c. 国家规范　　d. 来水大小

5. 资料系列的代表性是指 〔　〕。

a. 是否有特大洪水　　　　　　　　b. 系列是否连续

c. 能否反映流域特点　　　　　　　d. 样本的频率分布是否接近总体的概率分布

6. 对设计流域历史特大洪水调查考证的目的是 〔　〕。

a. 提高系列的一致性　　　　　　　b. 提高系列的可靠性

c. 提高系列的代表性　　　　　　　d. 使洪水系列延长一年

7. 对设计站与上下游站平行观测的流量资料对比分析的目的是 〔　〕。

a. 检查洪水的一致性　　　　　　　b. 检查洪水的可靠性

c. 检查洪水的代表性　　　　　　　d. 检查洪水的大小

8. 选择典型洪水的原则是"可能"和"不利",所谓不利是指 〔　〕。

a. 典型洪水峰型集中,主峰靠前

b. 典型洪水峰型集中,主峰居中

c. 典型洪水峰型集中,主峰靠后

d. 典型洪水历时长,洪量较大

9. 入库洪水包括 〔　〕。

a. 入库断面洪水、区间洪水、库面洪水

b. 洪峰流量、洪量、洪量水过程线

c. 地面洪水、地下洪水、库面洪水

d. 上游洪水、中游洪水、下游洪水

10. 洪水地区组成的计算方法有 〔　〕。

a. 同倍比法和同频率法　　　　　　b. 典型年法

c. 同频率法　　　　　　　　　　　d. 典型年法和同频率法

二、判断题

1. 设计洪水的标准，是根据工程的规模及其重要性，依据国家有关规范选定。〔　〕

2. 一次洪水过程中，一般涨水期比落水期的历时短。〔　〕

3. 水利枢纽校核洪水标准一般高于设计洪水标准，设计洪水标准一般高于防护对象的防洪标准。〔　〕

4. 由于校核洪水大于设计洪水，因而校核洪水控制了水工建筑物的尺寸。〔　〕

5. 推求某一流域的设计洪水，就是推求该流域的设计洪峰和各历时设计洪量。〔　〕

6. 同倍比放大法不能同时满足设计洪峰、设计峰量具有相同频率。〔　〕

7. 同倍比缩放法用洪量放大倍比计算出来的设计洪水过程线，不能保证各时段洪量同时满足同一设计频率的要求。〔　〕

8. 同频率放大典型洪水过程线，划分的时段越多，推求得的放大倍比越多，则放大后的设计洪水过程线越接近典型洪水过程线形态。〔　〕

9. 在洪峰与各时段洪量的相关分析中，洪量的统计历时越短，则峰量相关程度越高。〔　〕

10. 分期设计洪水的选样，采用年最大值法。〔　〕

三、问答题

1. 什么叫设计洪水，设计洪水包括哪三个要素？

2. 如何选取水利工程的防洪标准？

3. 水库枢纽工程防洪标准分为几级？各是什么含义？

4. 由流量资料（包含特大洪水）推求设计洪水时，为什么要对特大洪水进行处理？处理的内容是什么？

5. 典型洪水放大有哪几种方法？它们各有什么优缺点？

四、计算题

1. 某山区中型水库的大坝为面板堆石坝，已知年最大洪峰流量系列的频率计算结果为 $\overline{Q}=1650\text{m}^3/\text{s}$、$C_v=0.6$，$C_s=3.5C_v$。试确定大坝防洪标准，并计算该工程设计和校核标准下的洪峰流量。给出 P-Ⅲ型曲线模比系数 K_p 值见表 6-5。

表 6-5　　　　　　　P-Ⅲ型曲线模比系数 K_p 值表　$(C_s=3.5C_v)$

C_v ＼ $p/\%$	0.1	1	2	10	50	90	95	99
0.60	4.62	3.20	2.76	1.77	0.81	0.48	0.45	0.43
0.70	5.54	3.68	3.12	1.88	0.75	0.45	0.44	0.43

2. 对于设计洪水，其中的频率标准 p 实质是工程的破坏率，设某工程洪水设计频率为 $p=1\%$，试计算该工程连续 50 年都安全的概率是多大？风险率有多大？

3. 某水文站有 1960—1995 年的连续实测流量记录，系列年最大洪峰流量之和为 350098m^3/s，另外调查考证至 1890 年，得三个最大流量为 $Q_{1895}=30000\text{m}^3/\text{s}$、

$Q_{1921}=35000\text{m}^3/\text{s}$、$Q_{1991}=40000\text{m}^3/\text{s}$，求此不连续系列的平均值。

4. 某水库坝址处有 1954—1984 年实测年最大洪峰流量资料，其中最大的 4 年洪峰流量依次为：15080m³/s，9670m³/s，8320m³/s 和 7780m³/s。此外，调查到 1924 年发生过一次洪峰流量为 16500m³/s 的大洪水，是 1883 年以来最大的一次洪水，且 1883—1953 年间其余洪水的洪峰流量均在 10000m³/s 以下，试考虑特大洪水处理，用独立样本法和统一样本法分别推求上述 5 项洪峰流量的经验频率。

5. 已求得某站 1000 年一遇洪峰流量和 1d、3d、7d 洪量分别为：$Q_{m,p}=10245\text{m}^3/\text{s}$、$W_{1\text{d},p}=114000(\text{m}^3/\text{s})\cdot\text{h}$、$W_{3\text{d},p}=226800(\text{m}^3/\text{s})\cdot\text{h}$、$W_{7\text{d},p}=348720(\text{m}^3/\text{s})\cdot\text{h}$。选得典型洪水过程线见表 6-6。试按同频率放大法计算 1000 年一遇设计洪水过程线。

表 6-6 典型设计洪水过程线

月	日	时	典型洪水 $Q/(\text{m}^3/\text{s})$	月	日	时	典型洪水 $Q/(\text{m}^3/\text{s})$
8	4	8	268	8	7	8	1070
8	4	20	375	8	7	20	885
8	5	8	510	8	8	8	727
8	5	20	915	8	8	20	576
8	6	2	1780	8	9	8	411
8	6	8	4900	8	9	20	365
8	6	14	3150	8	10	8	312
8	6	20	2583	8	10	20	236
8	7	2	1860	8	11	8	230

第七章　由暴雨资料推求设计洪水

本章学习的内容和意义：在设计流域实测流量资料不足或缺乏时，或人类活动破坏了洪水系列的一致性，就有必要研究由暴雨资料推求设计洪水的问题。另外，可能最大洪水和小流域设计洪水也常用暴雨资料推求。由暴雨资料推求设计洪水的基本假定是：暴雨与洪水同频率。对于比较大的洪水，大体上可以认为某一频率的暴雨将形成同一频率的洪水，因此推求设计暴雨就是推求与设计洪水同频率的暴雨，再按照降雨形成径流的原理和计算方法，由设计暴雨推求出设计洪水。

7-1
由暴雨资料
推求设计洪水

第一节　概　　述

在实际工作中许多水利工程所在的地点都存在着缺乏流量资料，或流量资料系列太短的情况，故无法采用由流量资料推求设计洪水的方法。但鉴于多数地区都有降雨资料，且站网密度大、系列较长，而我国绝大部分地区的洪水是由暴雨形成的，暴雨与洪水之间具有直接而且密切的关系，所以可以利用暴雨资料通过一定的方法推求出设计洪水来。还有一些工程即使位于具有长期实测洪水资料的流域，往往也需要用暴雨资料来推求设计洪水，同由流量资料推求的设计洪水进行比较，互相参证，进而提高设计洪水的可靠性。

根据设计暴雨推求设计洪水是推求中小流域水利工程设计洪水的主要途径，特别是：

（1）在中小流域上兴建水利工程，经常遇到流量资料不足或代表性差的情况，难于使用相关法来插补延长，因此，需用暴雨资料推求设计洪水。

（2）由于人类活动的影响，使径流形成的条件发生显著的改变，破坏了洪水资料系列的一致性。因此，可以通过暴雨资料，用人类活动后新的径流形成条件推求设计洪水。

（3）为了用多种方法推算设计洪水，以论证设计成果的合理性，即使是流量资料充足的情况下，也要用暴雨资料推求设计洪水。

（4）无资料地区小流域的设计洪水，一般都是根据暴雨资料推求的。

（5）可能最大降水/洪水是用暴雨资料推求的。

由暴雨资料推求设计洪水的步骤是：先由实测暴雨资料用统计分析和典型放大方法推求设计暴雨，再由求得的设计暴雨，利用产流和汇流计算，以推求出相应的设计洪水过程。这种方法本身是假定暴雨和洪水是同频率的，即认为某一频率的洪水，是由相同频率的暴雨所产生。这种假定对中小流域较为符合，对于较大流域在有些情况下，可能会有所出入。

第二节 设 计 暴 雨 计 算

设计暴雨是符合指定设计标准的一次暴雨量及其时程与空间分布。即具有某一设计频率的流域平均雨量及其时空分配过程。

一、设计暴雨的推求

设计暴雨，是指符合设计标准的暴雨量过程和空间上的分布情况。推求设计洪水所需要的是流域上的设计面暴雨过程。根据当地雨量资料条件，其计算方法可分为两种：当资料充足时，即设计流域内雨量站较多、分布较均匀、各站有长期的同期资料、能求出比较可靠的流域平均面雨量，就可以由面平均雨量资料系列推求设计暴雨；当设计流域内雨量站较少，或观测系列较短，同期观测资料很少甚至没有，则需通过暴雨的点面关系，由设计点雨量间接推求设计面暴雨量，有时可直接以点代面。该法适用于雨量资料短缺的中小流域。

1. 暴雨资料充分时设计面暴雨量的计算

暴雨资料的主要来源，是国家水文、气象部门所刊印的雨量站网观测资料。按其观测方法和观测次数的不同，分为日雨量资料、自记雨量资料和分段雨量资料三种。为了保证暴雨资料的真实性及频率计算成果的精度，应对暴雨系列进行可靠性、一致性与代表性的审查，并且尽量插补展延暴雨资料系列。

暴雨资料可靠性的审查，重点是审查特大或特小雨量观测记录是否真实，有无错记或漏测情况，必要时可结合实际调查，予以纠正；检查自记雨量资料有无仪器故障的影响，并与相应定时段雨量观测记录比较，尽可能审定其准确性。

暴雨资料的代表性分析，则是对与临近地区长系列雨量或其他水文资料，以及本流域或临近流域实际大洪水资料所进行对比分析。但要注意所选用的暴雨资料系列是否有偏丰或偏枯等情况。

暴雨资料一致性的审查。对于按年最大值选样的情况，理应加以考虑，但实际上有困难。对于求分期设计暴雨时，要注意暴雨资料的一致性，不同类型的暴雨特性是不一样的，如我国南方地区的梅雨与台风雨，应分别加以考虑。

暴雨资料系列的插补展延主要是针对暴雨资料的特点，如设计流域内早期雨量站点稀少，近期雨量站点多、密度大，用近期多站平均雨量与同期少站平均雨量建立相关关系，以展延早期少站平均雨量。

面暴雨资料的选样，一般采用年最大值法。其方法是先根据当地雨量的观测站资料，选定推求流域平均（面）雨量的计算方法（如算术平均法、泰森多边形法或等雨量线法），计算每年各次大暴雨的逐日面雨量。然后根据设计精度要求，确定各计算时段，一般为 6h、12h、1d、3d、7d、…，并计算出各时段的面平均雨量；最后再按独立选样方法，选取历年各时段的年最大面平均雨量，组成面暴雨量系列。见表 7 - 1。

表 7 - 1　　　　　　　　　　　最大 1d、3d、7d 面雨量统计　　　　　　单位：mm

时　间	点　雨　量			面平均雨量	最大 1d、3d、7d 面雨量及起讫日期
	A 站	B 站	C 站		
6 月 30 日	5.3		0.2	1.8	
7 月 1 日	50.4	26.9	25.3	34.2	
7 月 2 日					
7 月 3 日	11.5	10.8	14.7	12.3	
7 月 4 日	134.8	125.9	124.0	129.9	
7 月 5 日	32.5	21.4	10.0	21.3	
7 月 6 日	5.6	10.5	4.7	6.9	7 月 4 日为年最大 1d，$H_{1d}=$
7 月 7 日	35.5	25.2	27.6	29.4	129.9mm；
7 月 8 日	3.7	7.1	1.4	4.1	8 月 22—24 日为年最大 3d，
7 月 9 日	11.1	5.8	9.7	8.9	$H_{3d}=166.5$mm；
8 月 18 日	6.6	0.2	6.9	4.6	7 月 1—7 日为年最大 7d，
8 月 19 日	22.7	2.4	5.4	10.2	$H_{7d}=234.0$mm
8 月 20 日					
8 月 21 日					
8 月 22 日	42.6	51.7	54.8	49.7	
8 月 23 日	60.1	68.6	53.5	60.7	
8 月 24 日	81.8	54.1	32.3	56.1	
8 月 25 日	2.3	1.0	0.1	1.1	

　　面暴雨量的经验频率公式采用期望值公式；统计参数的估计，采用适线法；线型采用皮尔逊Ⅲ型。另外，暴雨资料系列的代表性与系列中是否包含有特大暴雨有直接关系。所以，在做频率分析时，要考虑暴雨特大值的影响，以提高系列的代表性，起到展延系列的作用。例如，某雨量站 1973 年出现一次特大暴雨，实测最大 1d 雨量为 332mm。如果按 1972 年以前的资料计算，其均值 $\overline{H}_{1d}=102$mm，$C_v=0.35$，$C_s=C_v$，查频率曲线得：$\overline{H}_{1d}(p=0.01\%)=332$mm。如果 1973 年不做特大值处理，则 $C_v=1.10$，与周围站点的 C_v 值相差悬殊。如果 1973 年按特大值处理，则 $\overline{H}_{1d}=102$mm，$C_v=0.58$，$C_s=4C_v$。如图 7 - 1 所示。这说明特大值对统计参数的影响很大，如果能够正确利用特大值及其重现期，则可以提高系列的代表性，起到展延系列的作用。

　　2. 暴雨资料短缺时设计面暴雨量的计算

　　当流域内的雨量站较少，或各雨量站资料长短不一，难以求出满足设计要求的面暴雨量系列时，可先求出流域中心的设计点雨量，然后通过降雨的点面关系进行转换，求出设计面暴雨量。

　　求设计点雨量时，如果在流域中心处有雨量站且系列足够长，则可用该站的暴雨资料直接进行频率计算，求得设计点雨量。如果在流域中心没有足够的雨量资料，则可先

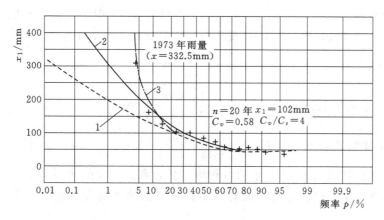

图 7-1　暴雨特大值对频率曲线的影响

1—不考虑 1973 年暴雨；2—1973 年暴雨按特大值处理；3—1973 年暴雨作为普通暴雨

求出所在流域中心附近各测站的设计点雨量，然后通过地理插值，求出流域中心的设计点雨量。若流域缺乏暴雨资料时，则通过各省（区、市）水文手册（水文图集）所提供的各时段年最大暴雨量 $\overline{H}_t$、C_v 的等值线图及 C_s/C_v 的分区图，计算设计点雨量。

按上述方法求出设计点雨量后，就可由流域降雨点面关系，很容易地转换求出流域设计平均雨量，即设计面暴雨量。各省（区、市）的水文手册（水文图集）中，刊有不同历时暴雨的点面关系图（表），可供查用。

二、设计暴雨的时程分配

设计暴雨的时程分配，就是设计暴雨的降雨强度过程线，也称设计雨型。推求出设计面雨量后，就可以采用典型放大的方法推求设计雨型。习惯上多采用同频率放大法。

设计雨型计算的关键在于选择典型的暴雨过程。有资料情况下，就是对设计流域大量观测到的暴雨雨型进行分析，在此基础上，选择能反映本地区大暴雨一般特性的，且总量大、强度大、接近设计条件，对工程的安全较为不利（如主雨峰在后）的暴雨过程作为典型。选择典型暴雨时，原则上应在各年的面雨量过程中选择。如资料不足，或为简便起见，也可用流域内或邻近地区有较长时期的点暴雨过程来代替。对于无资料地区，可借用临近暴雨特性相似流域的典型暴雨过程，或引用各省（区、市）暴雨洪水图集中，按地区综合概化成的典型概化雨型来推求设计暴雨的时程分配。

【**例 7-1**】　已求得某流域 1000 年一遇 1d、3d、7d 的设计面暴雨量分别为 320mm、521mm、712.4mm，并已选定了典型暴雨过程（表 7-2）。试通过同频率放大法，推求设计暴雨的时程分配。

表 7-2　　　　　　　　　　某流域设计暴雨过程设计表

时间/d	1	2	3	4	5	6	7	合计
典型暴雨过程/mm	32.4	10.6	130.2	160.0	29.8	9.2	20.8	393.0
放大倍比 K	26.2	2.62	1.26	2.00	1.26	2.62	2.62	
设计暴雨过程/mm	85.0	27.8	163.6	320.0	37.4	24.1	54.5	712.4

解：典型暴雨 1d（第 4 日）、3d（第 3～5 日）、7d（第 1～7 日）的最大暴雨量分别为 160mm、320mm 和 393mm，现结合各历时设计暴雨量计算各段的放大倍比为

最大 1d
$$K_1 = \frac{320}{160} = 2.0$$

最大 3d 中的其余 2d
$$K_{1\sim3} = \frac{521-320}{320-160} = 1.26$$

最大 7d 中的其余 4d
$$K_{3\sim7} = \frac{712.4-521}{393-320} = 2.62$$

将各放大倍比填入表 7-2 中的各相应位置，乘以相应的典型雨量，即得设计暴雨过程。必须注意，放大后的各历时总雨量应分别等于其设计雨量，否则，应予以修正。

但是暴雨过程是以时段雨量表示的，故放大后不需要修匀。

三、小流域设计暴雨

小流域设计暴雨与其所形成的洪峰流量假定具有相同的频率。因为小流域缺少实测暴雨系列，所以多采用以下步骤推求设计暴雨。

（1）按省（区、市）水文手册及暴雨径流查算图表上的资料，计算特定历时的暴雨量。

（2）将特定历时的设计雨量，通过暴雨公式转化为任一历时的设计雨量。

（一）年最大 24h 设计暴雨量的计算

小流域一般不考虑暴雨在流域面上的不均匀性，多以流域中心点的雨量代替全流域的设计面雨量。小流域汇流时间短，成峰暴雨历时也短，从几十分钟到几小时不等，通常小于 1 天；以前自记雨量记录很少，多为 1d 的雨量记录，大多数省（区、市）和部门都已经绘制出 24h 暴雨统计参数等值线图。在这种情况下，应首先查出流域中心点的年最大 24h 降雨量均值 $\bar{x}_{24}$ 及 C_v 值，再由 C_s 与 C_v 之比的分区图查得 C_s/C_v 值，由 $\bar{x}_{24}$、C_v 及 C_s 即可推求出流域中心点某频率的 24h 设计暴雨量。

随着自记雨量计的增设及观测时段资料的增加，有些省（区、市）已将 6h、3h、1h 的雨量系列进行统计，得出短历时的暴雨统计参数等值线图（均值、C_v、C_s），从而可求出相应历时的设计频率的雨量值。

（二）暴雨公式

前面推求的设计暴雨量为特定历时（24h、6h、1h 等）的设计暴雨，而推求设计洪峰流量时，需要给出任一历时的设计平均雨强或雨量。通常应用暴雨公式，即暴雨的强度-历时关系，将年最大 24h（或 6h 等）的设计暴雨转化为所需历时的设计暴雨。目前水利部门多用式（7-1）和式（7-2）形式转化计算

$$i_{t,p} = \frac{S_p}{t^n} \qquad\qquad (7-1)$$

式中 $i_{t,p}$——历时为 t，频率为 p 的平均暴雨强度，mm/h；

S_p——$t=1h$ 的平均雨强，俗称雨力，mm/h；

n——暴雨参数或称暴雨递减指数。

或 $$H_{t,p} = S_p t^{1-n} \qquad (7-2)$$

式中 $H_{t,p}$——频率为 p，历时为 t 的暴雨量，mm。

暴雨参数可通过图解分析法确定。对式（7-1）两边取对数，参数 n 为直线的斜率，$t=1\text{h}$ 的纵坐标读数就是 S_p，如图 7-2 所示，在 $t=1\text{h}$ 处出现明显的转点。当 $t \leqslant 1\text{h}$ 时，取 $n=n_1$；$t \geqslant 1\text{h}$ 时，则 $n=n_2$。

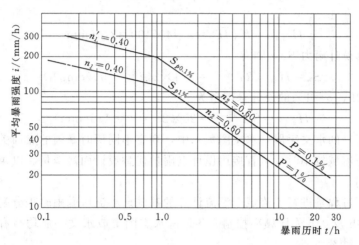

图 7-2 暴雨强度-历时-频率曲线

暴雨递减指数 n 对各历时雨量的转换成果影响较大，如有实测暴雨资料时分析得出的 n 值就能很好地代表本流域暴雨特性的 n 值最好。小流域多无实测暴雨资料，需要利用 n 值反映地区暴雨特征的性质时，就必须将本地区由实测资料分析得出的 $n(n_1, n_2)$ 值进行地区综合，绘制成 n 值分区图，以供无资料的流域使用。一般水文手册中均有 n 值分区图。

S_p 值可根据各地区的水文手册，查出设计流域的 $\overline{H}_{24}$、C_v，并计算出 $\overline{H}_{24,p}$，然后由式（7-2）计算得出。如地区水文手册中已有等值线图，则可直接查用。

S_p 及值 n 确定之后，即可用暴雨公式进行不同历时暴雨间的转换。把 24h 的雨量 $\overline{H}_{24,p}$ 转换为 th 的雨量 $i_{t,p}$ 的方法是，可先求出 1h 的雨量 $H_{1,p}(S_p)$，再由 S_p 转换为 1h 的雨量，即

因 $$\overline{H}_{24,p} = i_{24,p} \times 24 = S_p \times 24^{(1-n_2)} \qquad (7-3)$$

则 $$S_p = H_{24,p} \times 24^{(n_2-1)}$$

由求得的 S_p 转求任意历时 t 雨量 $H_{t,p}$ 为

当 $1\text{h} \leqslant t \leqslant 24\text{h}$ 时，

$$H_{t,p} = S_p t^{(1-n_2)} = H_{24,p} \times 24^{(n_2-1)} \times t^{(1-n_2)} \qquad (7-4)$$

当 $t < 1\text{h}$ 时，

$$H_{t,p} = S_p t^{(1-n_1)} = H_{24,p} \times 24^{(n_2-1)} \times t^{(1-n_1)} \qquad (7-5)$$

上述在 1h 处划分为两段直线是概括了大部分地区 $H_{t,p}$ 与 t 之间的经验关系，未必与各地的暴雨资料拟合很好。例如，有些地区采用多段折线，也可以分段给出各自不同的转换公式，不必限于上述形式。

【例 7－2】　某小流域拟建一小型水库，该流域无实测降雨资料，需推求历时 $t=$ 2h、设计标准 $p=1\%$ 的暴雨量。

解：（1）在该省水文手册上，查得流域中心处暴雨的参数为

$$\overline{H_{24}}=100\mathrm{mm},C_v=0.50,C_s=3.5C_v,t_0=1\mathrm{h},n_2=0.65$$

（2）求最大 24h 设计暴雨量，由暴雨统计参数和 $p=1\%$，查附录 2 得 $K_p=$ 2.74，故

$$H_{24,1\%}=K_p\,\overline{H_{24}}=2.74\times100=274(\mathrm{mm})$$

（3）计算设计雨力 S_p，则有

$$S_p=H_{24,1\%}24^{(n_2-1)}=274\times24^{-0.35}=90(\mathrm{mm/h})$$

（4）$t=2\mathrm{h}$，$p=1\%$ 的设计暴雨量为

$$H_{2,1\%}=S_pt^{(1-n_2)}=90\times2^{(1-0.65)}=115(\mathrm{mm})$$

各省（区）的水文手册（水文图集）中，刊有不同历时暴雨的点面关系图（表），可供查用。当流域较小时，可直接用设计点雨量代替设计面暴雨量，以供推求小流域设计洪水使用。

设计暴雨过程是进行小流域产汇流计算的基础。小流域暴雨时程分配一般采用最大 1h、3h、6h 及 24h 作同频率控制。各地区水文图集或水文手册均载有设计暴雨分配的典型，可供参考。

第三节　设计净雨计算

求得设计暴雨后，再进行流域产流计算，就可求得相应的设计净雨。一次降雨中，产生径流的部分为净雨，不产生径流的部分为损失。一场降雨的损失包括植物枝叶截留、填充流程中的洼地、雨期蒸发和降雨初期的下渗，其中降雨初期和雨期的下渗为主要的损失。因此，求得设计暴雨后，还要扣除损失，才能算出设计净雨。扣除损失的方法常采用径流系数法、降雨径流相关图法和初损后损法三种。

一、径流系数法

降雨损失的过程是一个非常复杂的过程，影响因素很多，我们把各种损失综合反映在一个系数中，称为径流系数。对于某次暴雨洪水，求得流域平均雨量 H，由洪水过程线求得径流深 Y，则一次暴雨的径流系数为 $a=Y/H$。根据若干次暴雨的 a 值，取其平均值 $\bar{a}$，或为了安全选取其较大值或最大值作为设计采用值。各地水文手册（水文图集）均载有暴雨径流系数值，可供参考使用。还应指出，径流系数往往随暴雨量强度的增大而增大。因此，根据暴雨资料求得的径流系数，可根据其变化趋势进行修正，用于设计条件。这种方法是一种粗估的方法，精度较低。

二、降雨径流相关图法

次降雨和其相应的径流量之间一般存在着较密切的关系，可根据次降雨量和径流量建立其相关关系。同时，对其影响因素作适当考虑，能够有效地改进降雨-径流关系。这些影响因素包括前期流域下垫面的干湿程度、降雨强度、流域植被和季节影响等。对于一个固定流域来说，植被可视为固定因素，降雨季节影响亦相对较小，最重

要的影响因素是前期流域下垫面的干湿程度和降雨强度，需要首先加以考虑。

（一）前期影响雨量 P_a 的计算

设计暴雨发生时，流域的土壤湿润情况是未知的，有可能很干（$P_a=0$），也有可能很湿（$P_a=I_m$），也就是说设计暴雨可能与任何 P_a 值（$0 \leqslant P_a \leqslant I_m$）相遭遇。目前，生产上常用下述三种方法来确定设计条件下的土壤含水量，即设计 P_a。

1. 取设计 $P_a=I_m$

在湿润地区，当设计标准较高，设计暴雨量较大，则 P_a 的作用相对较小。由于雨水充沛，土壤经常保持湿润状况，因此为了安全和简化，可取 $P_a=I_m$。

2. 扩展暴雨过程法

在拟定设计暴雨过程时，加长暴雨历时，增加暴雨的统计时段，则可把核心暴雨前面的一段也包括在内。例如，原设计暴雨采用 1d、3d、7d 3 个统计时段，现增长到 30d，即增加 15d、30d 两个统计时段。然后分别作上述各时段雨量频率曲线，选暴雨核心偏在后面的 30d 降雨过程作为典型，而后再用同频率分段控制缩放，求得 7d 以外 30d 以内的设计暴雨过程（图 7-3）。后面 7d 设计暴雨为原先缩放好的设计暴雨的核心

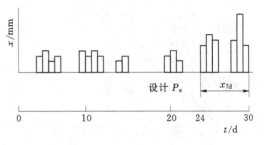

图 7-3　扩展暴雨过程

部分，是为推求设计洪水时应用的，而前面 23d 的设计暴雨过程则是用来计算 7d 设计暴雨发生时的 P_a 值的，即设计 P_a。

实际上，30d 设计暴雨过程开始时的 P_a 值（即初始值）应如何定仍然是一个问题。但可以肯定的是，初始 P_a 值的假定不同，其对后面的设计 P_a 值影响甚微。因为，初始 P_a 值要经过 23d 的演算，才到设计暴雨核心部分。因此，一般可取 $P_a=\dfrac{1}{2}I_m$ 或 $P_a=I_m$。

3. 同频率法

假如设计暴雨历时为日，若分别对 t 日暴雨量 x_t 系列和每次暴雨开始时的 P_a 与暴雨量 H_t 之和，即 H_t+P_a 系列进行频率计算，求出 x_{tp} 和 $(H_t+P_a)_p$ 值，那么，其与设计暴雨相应的设计 $P_{a,p}$ 值就可由两者之差求得，即

$$P_{a,p}=(H_t+P_a)_p-x_{tp} \tag{7-6}$$

当得出 $P_{a,p}>I_m$ 时，则取 $P_{a,p}=I_m$。

上述三种方法中，扩展暴雨过程法用得较多。$P_a=I_m$ 方法仅适用于湿润地区，而在干旱地区，因包气带不易蓄满，故不宜使用。同频率法在理论上是合理的，但在实用上也存在一些问题，它需要由两条频率曲线的外延部分求差，其误差往往很大，常会出现一些不合理现象，例如设计 P_a 大于 I_m 或设计 P_a 小于零。

（二）降雨径流相关图的建立和应用

降雨径流相关图是指流域面雨量与所形成的径流深及影响因素之间的相关曲线。

一般以次降雨量 H 为纵坐标，以相应的径流深 Y 为横坐标，以流域前期影响雨量 P_a 为参数，然后按点群分布的趋势和规律定出一条以 P_a 为参数的等值线，这就是该流域 H–P_a–Y 三变量降雨径流相关图，如图 7–4（a）所示。相关图作好后，要用若干次未参加制作相关图的雨洪资料，对相关图的精度进行检验与修正，以满足精度要求。当降雨径流资料不多、相关点据较少、按上述方法定线有一定难度时，可绘制简化的三变量相关图，即以 $H+P_a$ 为纵坐标，Y 为横坐标的 $(H+P_a)$–Y 相关图，如图 7–4（b）所示。

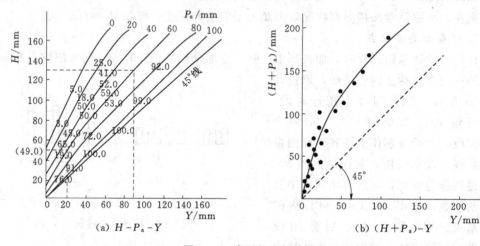

图 7–4　降雨径流相关图

必须指出，降雨径流相关图中的径流有地面径流与总径流之分，两者有很大的差别，前者是以超渗产流为基础建立的，而后者则是以蓄满产流为基础建立的，有时尚需划分地面径流及地下径流。

有的省对降雨径流相关图选配了数学公式；有的省不考虑 P_a，直接建立两变量的降雨径流相关图；有的省则采用直线表示上述两变量的降雨径流相关图，亦即径流系数法；而有的省采用了理论的降雨径流关系，即用蓄满产流模型来推求设计净雨。具体见各省（区）的水文手册（水文图集）。

利用降雨径流相关图由设计暴雨及过程可查出设计净雨及过程。其方法是由时段累加降雨量，查降雨径流相关图曲线得相应的时段累加净雨量，然后相邻累加净雨量相减得到各时段的设计净雨量。

需要强调的是，由实测降雨径流资料建立起来的降雨径流相关图，应用于设计条件时，必须处理以下两方面的问题：

（1）降雨径流相关图的外延。设计暴雨常常超出实测点据范围，使用降雨径流相关图时，需对相关曲线作外延。以蓄满产流为主的湿润地区，其上部相关线接近于 45°直线，外延比较方便。干旱地区的产流方案外延时任意性大，必须慎重。

（2）设计条件下 $P_{a,p}$ 的确定。有长期实测暴雨洪水资料的流域，可直接计算各次暴雨的 P_a，用频率计算法求得 $P_{a,p}$；有时也用几场大暴雨所分析的 P_a 值，取其平均值作为 $P_{a,p}$。

中小流域缺乏实测资料时，可采用各省（区）水文手册（水文图集）分析的成果确定 $P_{a,p}$ 值，大约为 I_m 的 2/3，湿润地区大一些，干旱地区一般较小。

（三）设计净雨的划分

对于湿润地区，一次降雨所产生的径流量包括地面径流和地下径流两部分。由于地面径流和地下径流的汇流特性不同，在推求洪水过程线时要分别处理。为此，在由降雨径流相关图求得设计净雨过程后，需将设计净雨划分为设计地面净雨和设计地下净雨两部分。

按蓄满产流方式，当流域降雨使包气带的缺水得到满足后，全部降雨形成径流，其中按稳定入渗率 f_c 入渗的水量形成地下径流 h_g，降雨强度 i 超过 f_c 的那部分水量形成地面径流 h_s。设时段为 Δt，时段净雨为 h，则

当 $i > f_c$ 时 $\qquad h_g = f_c \Delta t \quad h_s = h - h_g = (i - f_c)\Delta t$

当 $i \leqslant f_c$ 时 $\qquad\qquad h_g = h = i\Delta t \quad h_s = 0$

可见，f_c 是个关键数值，只要知道 f_c 就可以将设计净雨划分为 h_s 和 h_g 两部分。f_c 是流域土壤、地质、植被等因素的综合反映。若流域自然条件无显著变化，一般认为 f_c 是不变的，因此 f_c 可通过实测雨洪资料分析求得，可参考有关专业书籍。各省（区）的水文手册（水文图集）中刊有 f_c 分析成果，可供无资料的中小流域查用。

三、初损后损法

（一）初损后损法基本原理

在干旱地区的产流计算一般采用对下渗曲线进行扣损推求，按照对下渗的处理方法的不同，可分为下渗曲线法和初损后损法。下渗曲线法多是采用对下渗量累积曲线进行扣损，即将流域下渗量累积曲线和雨量累积曲线绘在同一张图上，通过图解分析的方法确定产流量及过程。由于受雨量观测资料的限制及存在着各种降雨情况下下渗曲线不变的假定，使得下渗曲线法并未得到广泛应用。因此，生产上常使用初损后损法扣损。

初损后损法是将下渗过程简化为初损与后损两个阶段，如图 7-5 所示。从降雨开始到出现超渗产流的阶段称为初损阶段，其历时记为 t_0，这一阶段的损失量称为初损量，用 I_0 表示，I_0 为该阶段的全部降雨量。

产流以后的损失称为后损，该阶段的损失常用产流历时内的平均下渗率 $\overline{f}$ 来计算。当时段内的平均降雨强度 $\overline{i} > \overline{f}$ 时，按 $\overline{f}$ 入渗，净雨量为 $H_i - \overline{f}\Delta t$；反之，当 $\overline{i} \leqslant \overline{f}$ 时，按 $\overline{i}$ 入渗，此时图 7-5 中的降雨量 H_n 全部损失，净雨量为零。按水量平衡原理，对于

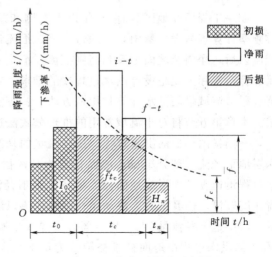

图 7-5 初损后损法示意图

一场降雨所形成的地面净雨深可用式（7-7）计算，即

$$h_s = H - I_0 - \overline{f}t_c - H_n \tag{7-7}$$

式中 H——次降雨量，mm；

$\quad\quad h_s$——次降雨所形成的地面净雨深，mm；

$\quad\quad I_0$——初损量，mm；

$\quad\quad t_c$——产流历时，h；

$\quad\quad \overline{f}$——产流历时内的平均下渗率，mm/h；

$\quad\quad H_n$——后损阶段非产流历时 t_n 内的雨量，mm。

用式（7-7）进行净雨量计算时，必须确定 I_0 与 $\overline{f}$。

（二）初损 I_0 的确定

流域较小时，降雨分布基本均匀，出口断面洪水过程线的起涨点反映了产流开始的时刻。因此，起涨点以前雨量的累积值可作为初损 I_0 的近似值。初损 I_0 与前期影响雨量 P_a、降雨初期 t_0 内的平均降雨强度 i_0、月份 M 及土地利用等有关。因此，常根据流域的具体情况，从实测资料分析出 I_0 及 P_a、i_0、M，从 P_a、i_0、M 中选择适当的因素，建立它们与 I_0 的关系，由此可查出某条件下的 I_0。

（三）平均下渗率 $\overline{f}$ 的确定

$\overline{f}$ 的确定必须结合实测雨洪资料试算求出。影响 $\overline{f}$ 的主要因素有前期影响雨量 P_a、产流历时 t_c 与超渗期的降雨量 H_{t_c}。如果不区分初损和后损，仅考虑一个均化的产流期内的平均损失率，这种简化的扣损方法叫平均损失率法。初损后损法用于设计条件时，也同样存在外延问题，外延时必须考虑设计暴雨雨强因素的影响。

对于干旱地区的超渗产流方式，除有少量的深层地下水外，几乎没有浅层地下径流，因此求得的设计净雨基本上全部是地面径流，不存在设计净雨划分问题。

第四节　流　域　汇　流　计　算

如果工程所在地区具有 30 年以上实测和差补延长的暴雨资料，先由暴雨资料经过频率计算求得设计暴雨，再通过产流、汇流计算可以推求出设计洪水过程线。流域产流以后，净雨经坡面汇流和河网汇流，汇集到流域出口断面形成流量过程。流域汇流计算，实际上就是设计洪水过程线的推求，就是由净雨过程推求出口断面的地面径流过程。流域暴雨洪水计算常用的方法有：等流时线法、综合单位线法和瞬时单位线法。本章第五节将对小流域常用的推理公式法进行详细介绍。

一场暴雨形成的洪水过程，按径流量的来源划分，由地面径流、浅层地下径流和深层地下径流三部分组成。地面径流为超渗雨 R 所形成，汇流速度较快，它引起洪水过程迅速涨落，形成地面径流量 W；地下径流主要由入渗到土壤中的雨水形成，汇流速度较慢，但其中表层流动稍快的壤中流以渗透方式直接注入河网，这部分水量组成了浅层地下径流量 W_g。另一部分入渗水量则继续渗入地下，补给深层地下径流量 W_b。当洪水过程由地面径流补给转为地下径流补给时，退水速度明显变缓，因而在退水过程线上将出现转折点。

将地面径流过程加上相应基流，即出口断面的洪水流量过程。设计地下洪水过程线可采用下述简化三角形方法推求。该法认为地面、地下径流的起涨点相同，由于地下洪水汇流缓慢，所以将地下径流过程线概化为三角形过程，且将峰值放在地面径流过程的终止点。三角形面积为地下径流总量 W_g，则计算式为

$$W_g = \frac{Q_{m,g} T_g}{2} \tag{7-8}$$

而地下径流总量等于地下净雨总量，即 $W_g = 1000 h_g F$

因此

$$Q_{m,g} = \frac{2W_g}{T_g} = \frac{2000 h_g F}{T_g} \tag{7-9}$$

式中　$Q_{m,g}$——地下径流过程线的洪峰流量，m^3/s；

　　　T_g——地下径流过程总历时，s；

　　　h_g——地下净雨深，mm；

　　　F——流域面积，km^2。

按式（7-9）可计算出地下径流的峰值，其底宽一般取地面径流过程的 2～3 倍，由此可推求出设计地下径流过程。

第五节　小流域暴雨洪水估算

7-5 ▶

小流域暴雨资料推求设计洪水

一、小流域设计洪水的特点

小流域与大中流域的特性有所不同。一般情况下流域面积在 $300 \sim 500 \text{km}^2$ 以下可认为是小流域。从水文学角度看，小流域具有流域汇流以坡面汇流为主、水文资料缺乏、集水面积小等特性。由于我国目前水文站网密度较小，例如，某省 100km^2 以下的小河水文站只有 20 个，平均 1500km^2 只有一个测站，因此，小流域设计洪水计算一般为无资料情况下的计算。从计算任务上看，小流域上兴建的水利工程一般规模较小，没有多大的调洪能力，所以计算时常以计算设计洪峰流量为主，对洪水总量及洪水过程线要求相对较低。从计算方法上看，为满足众多的小型水利水电、交通、铁路工程等短时期提交设计成果的要求，小流域设计洪水的方法必须具有简便、易于掌握的特点。

小流域设计洪水的计算方法较多，归纳起来主要有：推理公式法、经验公式法、综合单位线法、调查洪水法等。以下重点介绍推理公式法。

二、推理公式法计算设计洪峰流量

推理公式法是由暴雨资料推求小流域设计洪水的一种简化方法。它把流域的产流、汇流过程均作了概化，利用等流时线原理，经过一定的推理过程，得出小流域的设计洪峰流量的推求方法。

（一）推理公式的基本形式

在一个小流域中，若流域的最大汇流长度为 L，流域的汇流时间为 τ，如图 7-6 所示。则根据等流时线原理，当净雨历时 t_c 大于等于汇流历时 τ 时称全面汇流，即全

流域面积 F 上的净雨，汇流形成洪峰流量；当 t_c 小于 τ 时称部分汇流，即部分流域面积上 F_{t_c} 的净雨，汇流形成洪峰流量。形成最大流量的部分流域面积 F_{t_c}，是汇流历时相差 t_c 的两条等流时线在流域中所包围的最大面积，又称最大等流时面积。

当 $t_c \geqslant \tau$ 时，根据小流域的特点，假定 τ 历时内净雨强度均匀，流域出口断面的洪峰流量 Q_m 为

$$Q_m = 0.278 \frac{h_\tau}{\tau} F \qquad (7-10)$$

式中　h_τ——τ 历时内的净雨深，mm；

　　0.278——单位换算系数；

　　Q_m——洪峰流量，$\mathrm{m^3/s}$；

　　F——流域面积，$\mathrm{km^2}$；

　　τ——流域汇流历时，h。

当 $t_c < \tau$ 时，只有部分面积上的净雨产生出口断面最大流量，计算公式为

$$Q_m = 0.278 \frac{h_R}{\tau} F \qquad (7-11)$$

式中　h_R——次降雨产生的全部净雨深，mm。

式（7-10）及式（7-11）即为推理公式的基本形式，式中 τ 可用式（7-12）计算

$$\tau = \frac{0.278L}{m J^{1/3} Q_m^{1/4}} \qquad (7-12)$$

式中　J——流域平均坡度，包括坡面和河网；实用上以主河道平均比降代表，以小数计；

　　L——流域汇流的最大长度，即流域主河道长度，km；

　　m——汇流参数，与流域及河道状况等条件有关。

式（7-10）及式（7-11）中的地面净雨计算可分为两种情况，如图 7-6 所示。

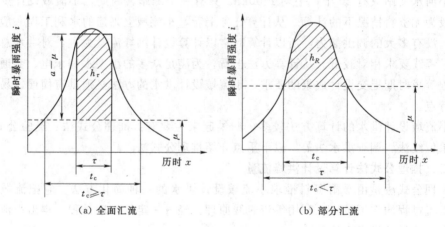

（a）全面汇流　　　　　　　　　　　　（b）部分汇流

图 7-6　两种汇流情况示意图

当 $t_c \geqslant \tau$ 时，历时 τ 的地面净雨深 h_τ 可用式（7-13）计算：

$$h_\tau = (\bar{i}_\tau - \mu)\tau = S_p \tau^{1-n} - \mu\tau \qquad (7-13)$$

当 $t_c < \tau$ 时，产流历时内的净雨深 h_R 可用式（7-14）计算：

$$h_R = (\bar{i}_{t_c} - \mu)t_c = S_p \tau^{1-n} - \mu t_c = nS_p t_c^{1-n} \tag{7-14}$$

式中　$\bar{i}_\tau$、$\bar{i}_{t_c}$——汇流历时与产流历时内的平均雨强，mm/h；

　　　μ——产流参数，mm/h。

经推导，净雨历时 t_c 可用式（7-15）计算：

$$t_c = \left[(1-n)\frac{S_p}{\mu}\right]^{\frac{1}{n}} \tag{7-15}$$

可见，由推理公式计算小流域设计洪峰流量的参数有三类：流域特征参数 F、J、L；暴雨特性参数 n、S_p；产、汇流参数 m、μ。Q_m 可以看成上述参数的函数，即

$$Q_m = f(F、L、J；n、S_p；m、\mu)$$

因流域特性参数与暴雨特性参数可根据前述的计算方法确定，所以这里关键是确定流域的产、汇流参数。

（二）产、汇流参数的确定

产流参数 μ 代表产流历时 t_c 内的地面平均入渗率，又称损失参数。推理公式法假定流域各点的损失相同，把 μ 视为常数。μ 值的大小与所在地区的土壤透水性能、植被情况、降雨量的大小及分配、前期影响雨量等因素有关，不同地区其数值不同，且变化较大。

汇流参数 m 是流域中反映水力因素的一个指标，用以说明洪水汇集运动的特性。它与流域地形、植被、坡度、河道糙率和河道断面形状等因素有关。一般可根据雨洪资料反算，然后进行地区综合，建立它与流域特征因素间的关系，以解决无资料地区确定 m 的问题。各省在分析大暴雨洪水资料后都提供了 μ 和 m 值的简便计算方法，可在当地的水文手册（水文图集）中查到。

（三）设计洪峰流量的推求

应用推理公式推求设计洪峰流量的方法很多，以下仅介绍实际应用较广且比较简单的两种方法，即试算法和图解交点法。

1. 试算法

由上述推理公式知，求解洪峰流量 Q_m 需要确定流域汇流历时 τ，而 τ 的计算公式中又包含未知数 Q_m，因此需建立两个方程式进行联解。当全面积汇流时，式（7-10）与式（7-12）联解；当部分面积汇流时，式（7-11）与式（7-12）联解。

联解方程组求解也叫迭代法，其具体计算步骤如下：

（1）通过对设计流域的调查了解，结合当地的水文手册（水文图集）及流域地形图，确定流域的几何特征值 F、L、J 以及暴雨的统计参数（$\bar{H}$、C_v、C_s/C_v）、暴雨公式中的参数 n、产流参数 μ 和汇流参数 m。

（2）计算设计暴雨的雨力 S_p 与雨量 H_{tp}，并由产流参数 τ 计算设计净雨历时 t_c。

（3）将 F、L、J、t_c、m 代入公式，其中 Q_{mp}、τ、h_τ（或 h_R）未知，且 h_τ 与 τ

131

有关，故需用试算法求解。试算的步骤为：先假设一个 Q_{mp}，代入式 (7-12) 计算出一个相应的 τ，将它与 t_c 比较，并判断其属于何种汇流情况，用式 (7-10) 或式 (7-11) 计算出 h_τ（或 h_R），再将该 τ 值与 h_τ（或 h_R）代入式 (7-10) 或式 (7-11)，求出一个 Q_{mp}，若与假设的 Q_{mp} 一致（误差在 1% 以内），则该 Q_{mp} 及 τ 即为所求；否则，另设 Q_{mp}，重复上述试算步骤，直至满足要求为止。

2. 图解交点法

该法是对式 (7-10)、式 (7-11) 与式 (7-12) 分别作曲线 Q_{mp}-τ' 及 τ-Q'_{mp}，点绘在同一张图上，二线交点的读数，显然同时满足上述两个方程，因此交点读数 Q_{mp}、τ 即为两式的解。

【例 7-3】 在某小流域拟建一小型水库，已知该水库所在流域为山区，且土质为黏土。其流域面积为 $F = 84\text{km}^2$，流域的长度 $L = 20\text{km}$，平均坡度 $J = 0.01$，查相关资料得 $t_c = 1\text{h}$，$n_2 = 0.65$。经初步计算 $p = 1\%$，$t = 2\text{h}$，$H_{t,p} = 115\text{mm}$，$S_p = 90\text{mm/h}$。试用推理公式法计算坝址处 $p = 1\%$ 的设计洪峰流量。

解： (1) 试算法。

1) 设计暴雨计算：

雨力 $S_p = 90\text{mm/h}$，$n_2 = 0.65$，$H_{t,p} = 115\text{mm}$。

2) 设计净雨计算：

根据该流域的自然地理特性，查当地水文手册得设计条件下的产流参数 $\mu = 3.0\text{mm/h}$，按式 (7-15) 计算净雨历时 t_c 为

$$t_c = \left[(1-0.65)\frac{90}{3.0}\right]^{\frac{1}{0.65}} = 37.4(\text{h})$$

3) 计算设计洪峰流量：

根据该流域的汇流条件，$\theta = L/J^{1/3} = 90.9$，由该省水文手册确定本流域的汇流系数为 $m = 0.28\theta^{0.275} = 0.97$。

假设 $Q_{mp} = 500\text{m}^3/\text{s}$，代入式 (7-12)，计算汇流历时 τ 为

$$\tau = \frac{0.278L}{mJ^{1/3}Q_m^{1/4}} = 5.5(\text{h})$$

因 $t_c > \tau$，故属于全面汇流，由式 (7-13) 计算得

$$h_\tau = S_p\tau^{1-n} - \mu\tau = 90 \times 5.5^{1-0.65} - 3.0 \times 5.5 = 147(\text{mm})$$

将所有参数代入式 (7-10) 得

$$Q_{mp} = 0.278\frac{h_\tau}{\tau}F = 0.278 \times \frac{147}{5.5} \times 84 = 624(\text{m}^3/\text{s})$$

所求结果与原假设不符，应重新假设 Q_{mp} 值，经试算求得 $Q_{mp} = 640(\text{m}^3/\text{s})$。

(2) 图解交点法。首先假定为全面汇流，假设 τ，用式 (7-10) 计算 Q_{mp}；假设 Q_{mp} 用式 (7-12) 计算 τ'，具体计算见表 7-3。

表 7 - 3　　　　　　　　　　**交 点 法 计 算 表**

假设 τ/h	计算 $Q'_{mp}/(m^3/s)$	假设 $Q_{mp}/(m^3/s)$	计算 τ'/h
(1)	(2)	(3)	(4)
5.60	615	550	5.49
5.40	632	600	5.37
5.20	649	650	5.27
5.00	668	700	5.17

根据表 7 - 3 分别做曲线 Q_{mp}-τ' 及 τ-Q'_{mp}，点绘在同一张图上，如图 7 - 7 所示，交点读数 $Q_{mp}=640m^3/s$、$\tau=5.29h$，即为两式的解。

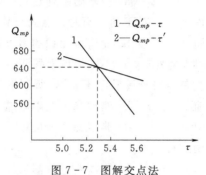

图 7 - 7　图解交点法

验算：$t_c=37.4h$，$\tau=5.29h$，$t_c>\tau$，原假设为全面汇流是合理的，不必重新计算。

课 后 扩 展

一、选择题

1. 由暴雨资料推求设计洪水时，一般假定 [　]。

a. 设计暴雨的频率大于设计洪水的频率

b. 设计暴雨的频率小于设计洪水的频率

c. 设计暴雨的频率等于设计洪水的频率

d. 设计暴雨的频率大于、等于设计洪水的频率

2. 由暴雨资料推求设计洪水的方法步骤是 [　]。

a. 推求设计暴雨、推求设计净雨、推求设计洪水

b. 暴雨观测、暴雨选样、推求设计暴雨、推求设计净雨

c. 暴雨频率分析、推求设计净雨、推求设计洪水

d. 暴雨选样、推求设计暴雨、推求设计净雨、选择典型洪水、推求设计洪水

3. 当一个测站实测暴雨系列中包含有特大暴雨时，若频率计算不予处理，那么与处理的相比，其配线结果将使推求的设计暴雨 [　]。

a. 偏小　　　　　b. 偏大　　　　　c. 相等　　　　　d. 三者都可能

4. 暴雨资料系列的选样是采用 [　]。

a. 固定时段选取年最大值法   b. 年最大值法

c. 年超定量法   d. 与大洪水时段对应的时段年最大值法

5. 对于中小流域，其特大暴雨的重现期一般可通过 〔　　〕。

a. 现场暴雨调查确定

b. 对河流洪水进行观测

c. 查找历史文献灾情资料确定

d. 调查该河特大洪水，并结合历史文献灾情资料确定

6. 对设计流域历史特大暴雨调查考证的目的是 〔　　〕。

a. 提高系列的一致性   b. 提高系列的可靠性

c. 提高系列的代表性   d. 使暴雨系列延长一年

7. 某一地区的暴雨点面关系，对于同一历时，点面折算系数 α 〔　　〕。

a. 随流域面积的增大而减小   b. 随流域面积的增大而增大

c. 随流域面积的变化时大时小   d. 不随流域面积而变化

8. 选择典型暴雨的原则是"可能"和"不利"，所谓不利是指 〔　　〕。

a. 典型暴雨主雨峰靠前   b. 典型暴雨主雨峰靠后

c. 典型暴雨主雨峰居中   d. 典型暴雨雨量较大

9. 对放大后的设计暴雨过程 〔　　〕。

a. 需要进行修匀   b. 不需要进行修匀

c. 用光滑曲线修匀   d. 是否修匀视典型暴雨变化趋势而定

10. 地区经验公式法计算设计洪水，一般 〔　　〕。

a. 仅推求设计洪峰流量   b. 仅推求设计洪量

c. 推求设计洪峰和设计洪量   d. 仅推求设计洪水过程线

二、判断题

1. 由暴雨资料推求设计洪水的基本假定是：暴雨与洪水同频率。〔　　〕

2. 系列长度相同时，由暴雨资料推求设计洪水的精度高于由流量资料推求设计洪水的精度。〔　　〕

3. 据统计，年最大 24 小时雨量小于年最大的日雨量。〔　　〕

4. 流域汇流经历坡面汇流、河槽汇流两个阶段，两者汇流速度不同，但可采取流域平均汇流速度计算。〔　　〕

5. 已知某一地区 24 小时暴雨量均值 $\overline{P}_{24}$ 及 C_v、C_s 值，即可求得设计 24 小时雨量 $P_{24,p}$。〔　　〕

6. 可能最大暴雨量即可降水量的最大值。〔　　〕

7. 分析计算的 PMF 是否合理，可与本流域历史洪水相对照，与邻近流域、相似流域的 PMF 比较，与国内外最大流量纪录比较。〔　　〕

8. 对于小流域可以采用暴雨公式 $i = s_p / t^n$ 推求设计暴雨。〔　　〕

9. 推理公式法中的汇流参数 m，是汇流速度中的经验性参数，它与流域地形、地貌、面积、河道长度、坡度等因素有关，可由实测暴雨洪水资料求得。〔　　〕

10. 计算洪峰流量的地区经验公式，不可无条件地到处移用。〔　　〕

三、问答题

1. 为什么要用暴雨资料推求设计洪水？

2. 由暴雨资料推求设计洪水的基本假定是什么？

3. 选择典型暴雨的原则是什么？

4. 试述推理公式试算法计算洪峰流量的方法步骤。

5. 小流域设计暴雨的特点是什么？怎样建立暴雨强度公式？

四、计算题

1. 某工程设计暴雨的设计频率为 $p = 2\%$，试计算该工程连续 2 年发生超标准暴雨的可能性？

2. 已知某流域多年平均最大 3d 暴雨频率曲线：$\overline{x}_{24} = 210\text{mm}$，$C_v = 0.45$，$C_s = 3.5C_v$，试求该流域百年一遇设计暴雨。P-Ⅲ型曲线离均系数 Φ 值表见表 7-4。

表 7-4　　　　　　　　　　　　P-Ⅲ型曲线离均系数 Φ 值表

C_s \ $p/\%$	1	5	10	50	80	90	95	99
1.5	3.33	1.95	1.33	−0.24	−0.82	−1.02	−1.13	−1.26
1.6	3.39	1.96	1.33	−0.25	−0.81	−0.99	−1.10	−1.20

3. 已知某流域 50 年一遇 24h 设计暴雨为 490mm，径流系数等于 0.83，后损率为 1.0mm/h，后损历时为 17h，试计算其总净雨及初损。

4. 经对某流域降雨资料进行频率计算，求得该流域频率 $p = 1\%$ 的中心点设计暴雨，并由流域面积 $F = 44\text{km}^2$，查水文手册得相应的点面折算系数 α_F，一并列入表 7-5，选择某站 1967 年 6 月 23 日开始的 3d 暴雨作为设计暴雨的过程分配典型，如表 7-6，试用同频率放大法推求 $p = 1\%$ 的 3d 设计面暴雨过程。

表 7-5　　　　　　　　　　某流域设计雨量及其点面折算系数

时　段	6h	1d	3d
设计雨量/mm	192.3	306.0	435.0
折算系数 α_F	0.912	0.938	0.963

表 7-6　　　　　　　　　　　　某流域典型暴雨过程线

时段（$\Delta t = 6\text{h}$）	1	2	3	4	5	6	7	8	9	10	11	12	合计
雨量/mm	4.8	4.2	120.5	75.3	4.4	2.6	2.4	2.3	2.2	2.1	1.0	1.0	222.8

5. 已知某流域设计频率为 $p = 1\%$ 的 24h 暴雨过程见表 7-7，设计暴雨初损 $I_0 = 30\text{mm}$，后期平均下渗能力 $\overline{f} = 2.0\text{mm/h}$，求该流域 $p = 1\%$ 的 24h 设计地面净雨过程。

表 7-7　　　　　　　　　　　　某流域设计暴雨过程

时段（$\Delta t = 6\text{h}$）	1	2	3	4	合计
雨量/mm	20	60	105	10	195

第八章 水资源的开发利用

本章学习的内容和意义：一个大部分被水覆盖的星球面临着水资源危机，这似乎是一种自相矛盾的说法。然而在地球上，这的确是事实。我国严峻的水资源问题早已成为公众关注的焦点。我们要充分地认识到，如何合理开发利用和保护水资源，实现水资源的可持续利用，任重而道远。

8-0
水资源开发
利用

第一节 概　　述

一、基本概念

水资源开发利用：是指通过各种措施对天然水资源进行治理、控制、调配、保护和管理等，使在一定的时间和地点供给符合质量要求的水量，为国民经济各部门所利用。可供开发利用的水源主要是河川径流、地下水等。要合理开发利用这些水资源，都要有工程技术措施，使天然状态的水在时间上、地区上和质量上成为可供利用的水资源，实现水资源可持续利用。

径流调节是水资源开发利用的一项重要措施，目的是通过重新分配径流过程，使之与用水过程在时空分布上协调一致。地下水是水资源开发利用的重要对象，应实施采补平衡，永续利用。水资源开发系统的服务对象，涉及国民经济的有关部门，其利用方式可概括为不耗水的河道内利用，如水力发电、水运、渔业、水上娱乐用水等，耗水的河道外各项利用，如农业用水、工业用水、生活用水和生态环境用水等。它们之间的用水要求和特点各不相同。

近年来的用水统计资料表明，随着工业化和城市化的发展，对我国用水结构有明显影响，用水变化的总趋势是：城乡生活和工业用水的比重上升，农业用水的比重下降，废污水的排放量也随之增加。水资源利用和管理作相应的调整，重点放在节水和治污方面，这是今后发展的必然趋势。

二、水资源开发

是指通过各种水工程和水管理措施对水资源进行调节控制和再分配，以满足人类生活、社会经济活动和生态环境对水资源竞争性需求的行为。由于水资源在时间和空间上分布的不均衡和随机特性，社会发展到一定阶段，水资源的原有分布状态，只有通过水工程和水管理措施进行调控和再分配，才能满足人类需要。

随着社会经济的发展，水资源开发的目的和范围日趋扩大，近代水资源开发主要包括：①以满足城乡居民生活和工农业生产用水为目的的供水、灌溉、排水工程；②以利用水能为中心目的的水力发电和航运工程；③以保证供水质量和污水处理为目的的水质处理工程；④以水域利用为主的水产养殖和旅游设施等。从人类开发水资源的发展过程看，大体可分为单一目标的开发和多目标开发。多目标开发从单项工程向流域性多项工程和整个地区发展，从单纯为增加经济收益向社会和环境的整体利益发展；水资源开发已成为自然科学、技术科学和社会科学三者高度综合的重要学科。

水是有限的可再生资源。全球约 1/3 的陆地为干旱、半干旱地区，水资源不足；一些湿润地区也存在开发利用上的困难。因此开发和保护水资源是当代社会经济活动的重要工作。开发水资源必须将兴利与除害相结合，对水资源进行多功能的综合开发利用和重复利用；要对一个水系、流域进行全面规划，协调不同部门和地区的利益；要根据水资源的特点和社会经济发展的要求，分清水资源开发的主次目标，选择合理的开发方式，使水资源开发达到全社会总体效益最大和水资源可持续利用的目的。

水资源开发可以取得巨大的经济、社会和环境效益，但同时由于改变了原有水资源分布状况，也会引起一些负效应，如对生态系统的影响，原有水工程设施效益的下降等。因此，开发过程中必须重视全面调查研究和分析论证，力求将负效应降到最低限度，必要时还应对某些不利影响采取相应的补偿措施。

水工程是水资源开发的主要手段，其作用是调节、控制、分配水资源和进行水能转换，主要包括：挡水建筑物、进水建筑物、泄水建筑物、输水建筑物和河道整治建筑物等。水工程受多种复杂的自然条件制约，工程规模往往较大，施工困难，管理运用也很复杂，需要有科学的开发程序和巨大的资金、物资的投入。

中国是一个水资源相对不足的国家，水资源开发任务十分艰巨，应当长期坚持合理开发、高效利用、节约用水、保护水源和防治水污染的方针，逐步建成节水型社会。

三、水资源可持续利用

随着我国国民经济高速发展和人们生活质量不断提高，水资源供需矛盾日益突出，水资源短缺是基本国情，将长时期严重制约国民经济的可持续发展。

水资源可持续利用的涵义是：在坚持水资源的持续性和生态系统整体性的条件下，支持不同地区人口、资源、环境与经济社会的协调发展，满足当代人与后代人生存与发展的用水需要。涵盖了以下两个方面的内容：①水资源可持续利用是在人口、资源、环境和经济协调发展战略下进行的，意味着水资源开发利用是在保护生态环境的同时，促进经济增长和社会繁荣，避免为单纯追求经济效益而牺牲资源和环境。②水资源可持续利用的目标明确，要满足世世代代人类的用水要求，并且要实现不同地区的共同发展，体现了社会公平的原则。

水资源可持续利用的模式与传统水资源开发利用方式有着本质的区别。传统水资源开发利用方式是经济增长模式下的产物，它只顾眼前，不顾未来；只顾当代，不顾后代；只重视经济效益，不顾生态环境保护，甚至不惜牺牲环境和社会效益。

水资源可持续利用应当处理好以下关系。

（一）正确处理好人与水的关系

从经济社会可持续发展的战略高度提高全社会对"水危机"的认识，转变人们对水的传统观念，从人类向大自然无节制的索取转变为人与自然的和谐相处。在防止水对人类侵害的同时，特别注意防止人类对水资源的侵害。从对水的无偿或廉价索取转变为按市场经济的价值规律合理取水。

（二）正确处理好生活、生产、生态用水的关系

水资源与生态系统关系密切，没有任何一种资源像水那样处于生态系统和人类经济活动的激烈竞争之中。在取用水资源的同时，要满足维系生态平衡对水的基本需求，防止经济活动中对水资源的无序开发利用。

（三）正确处理好经济发展与水资源保护的关系

水资源质量好坏直接关系到水资源的功能，决定着水资源的用途。严重污染的水资源不仅降低使用价值，而且会给人类带来各种危害，例如破坏景观、影响健康、带来各种经济损失等。因此，在保持国民经济又好又快发展的同时，要注意加强水源地保护，减少污染，确保有足够的水资源支持国民经济的可持续发展。

（四）正确处理好水资源开发利用和统一管理的关系

水资源以流域为基本单元。无论是地表水还是地下水，均以流域的地形地貌和地质条件为依托，形成自然的独立水系。同时，水资源时空分布不均匀。水资源这些自然特征加上区域经济发展对流域水资源的依赖关系，使得对水资源实施有效统一管理变得尤为重要。只有在真正意义"一龙管水"的基础上，才能更有效地开展水资源的开发、利用、节约和保护工作，最大限度地提高水的利用率，实现水资源的合理配置，保障国民经济可持续发展。

（五）正确处理好水资源现状与最严格水资源管理的关系

水资源短缺是我国的基本国情，水土流失和水污染严重是不争的事实，水资源利用率低下现象普遍存在，洪涝和干旱频繁发生。针对当前水利"基础脆弱、欠账太多、全面吃紧"的突出问题和水资源现状，水资源管理制度上应有新突破。必须实行最严格的水资源管理制度，确立水资源开发利用控制、用水效率控制、水功能区限制纳污三条红线。如不实行最严格的水资源管理制度，任凭水资源开发过度、利用粗放、污染严重，长此以往，水资源难以承载、水环境难以承受，经济发展难以持续。

第二节　水资源开发利用的原则

水是基础性的自然资源和战略性的经济资源。水资源的可持续利用是我国经济社会可持续发展极为重要的保证。《中华人民共和国水法》规定：开发、利用、节约、保护水资源和防治水害，应当全面规划、统筹兼顾、标本兼治、综合利用、讲求效益，发挥水资源的多种功能，充分发挥水资源的综合效益。还规定：开发、利用水资源，应当首先满足城乡居民生活用水，并兼顾农业、工业、生态环境用水以及航运等需要。在干旱和半干旱地区开发、利用水资源，应当充分考虑生态用水需要。同时《中华人民共和国水法》提出国家鼓励开发、利用水能资源和水运资源；要求各级人民政府应当加强对灌溉、排涝、水土保持工作的领导，促进农业生产发展，以及国家鼓励对多种水源的开发、利用。上述规定，贯彻了中央提出的新时期治水方针，紧密结合了水利工作的实际，深化水利改革的需要，以及从传统水利向现代水利转变的要求，促进水资源的可持续利用，进一步推动水利事业的全面发展。

一、水资源开发利用的基本原则

《中华人民共和国水法》规定了水资源开发利用的基本原则，阐述了水资源开发利用的主要内容。为满足国民经济、社会发展和改善生态环境对水的基本需求，水资源开发利用要求：一是优先满足城乡居民生活用水需求。以人为本，为城乡居民供给安全、清洁的饮用水，改善公共设施和生活环境，逐步提高人民生活质量。二是基本满足国民经济建设用水要求，保障经济快速、持续、健康发展。三是基本满足粮食生产对水的要求。提高农业供水保证率，改善农业生产条件，为我国粮食安全提供水利保障。四是努力改善生态环境用水的要求。逐步增加生态环境用水，不断改善自然生态和美化生活环境，建设人与自然和谐共处的优美人居环境。

水资源开发利用的基本原则：一是全面规划、统筹兼顾。水资源的开发利用必须坚持兴利与除害相结合，兼顾上下游、左右岸和有关地区之间的利益，充分发挥水资源的综合效益。二是以水资源合理配置为基础。遵循全面规划、合理开发、高效利用、优化配置、有效保护、科学管理的原则，以提高水资源利用效率和效益为核心，不断提高水资源的承载能力，促进水资源的可持续利用。在特定流域或区域范围内，遵循高效、公平和可持续利用的原则，对有限的、不同形式的水资源，通过工程措施和非工程措施，统筹协调生活、生产和生态用水，进行合理分配和优化调度，以调控水资源的天然时空分布来适应生产力布局和国民经济发展对水的需求，同时生产力布局和产业结构调整要充分考虑水资源的承载能力。三是以水资源供水安全体系建设为目标。通过建设调蓄工程增强水资源调蓄能力，对天然来水过程进行有效调控，提高供水能力，适应用水部门的需求过程，提高供水保证率。通过有效调控和合理配置，合理分配生活、生产和生态用水数量的适时供给。通过加大水资源保护和水污染防治的力度，提高水的质量，符合各类用户对水质的要求。四是以改革和创新水资源管理体制为保障。改革水资源管理部门分割、城乡分割、地表水与地下水分割的体制，建立权威、高效、协调的水管理体制。

二、发展城乡供水，兼顾农业、工业用水需要

我国水资源与人口、经济布局和城镇发展不相匹配，加之长期以来水源工程建设滞后，供水增长速度不能满足国民经济发展、人口增长及城市化发展的要求，全国区域性缺水越来越严重，特别是北方地区和重要城市的水资源供需矛盾十分突出，加之一些地区不合理地开发利用水资源，用水浪费和水污染，使缺水矛盾进一步加剧。

随着经济社会的快速发展，城市化进程的加快，以及人民生活质量的提高和生态环境的改善，用水需求将不断增加，对水量和水质的要求不断提高，水资源供需矛盾将不断加剧。因此，各级人民政府应当积极采取措施，大力发展供水事业，确保安全供水，改善城乡居民的用水条件。

合理开发、高效利用和优化配置水资源，调整经济布局与产业结构，优先满足生活用水，基本保障经济和社会发展用水，努力改善生态环境用水，逐步形成水资源合理配置的格局和安全供水体系。目前，城市及工农业抗御干旱的能力进一步提高，初步形成北方地区水资源合理配置的格局，华北地区、东部沿海地区和重要城市的水资源供需矛盾得到初步缓解，生态环境恶化地区的生态用水状况得到初步改善。

加快城市供水建设，通过建立有利于城镇供水工程建设的投融资体制，多渠道开源节流，兴建跨流域城市供水工程，逐步建设稳定可靠的城市供水水源。大中城市要重点加强水源工程建设，改革单一水源供水，城镇要进一步加强供水设施建设，提高供水能力。加强净水厂和供水管网建设和改造，减少管网漏损。要逐步建立城市中水回收利用系统、加大污水处理回用力度。要加强城市供水水质监测网络和监管体系建设，保障城市生活和工业用水质量。同时，要采取多种渠道，加大对乡村饮水工程建设和管理的力度，发挥农民的积极性，因地制宜修建各类中小型水利工程，着力解决农村饮水困难。

三、加强灌溉、排涝、水土保持，促进农业生产发展

《中华人民共和国水法》规定："地方各级人民政府应当加强对灌溉、排涝、水土保持工作的领导，促进农业生产发展。"为改善农村生活和生产条件，推进农村经济社会发展和农村城镇化建设，必须加强灌溉、排涝和水土保持等基础设施建设。

随着我国经济社会发展对水利的要求，以及满足粮食安全生产对水的要求，必须提高农业供水保证率，改善农业生产条件，为我国粮食的安全提供水利保障。目前农村水利基础设施条件得到了明显改善。大型灌区和大部分重点中型灌区骨干工程已经配套建设了节水改造工程。

水土流失导致土地贫瘠、江河湖库淤积、生态环境恶化，加剧了洪涝、干旱和风沙灾害。为建立维护生态环境安全的水利保障体系，必须切实搞好水土保持，有效控制和减少水土流失，严格控制人为造成的水土流失。为了达到水土保持治理的目标和要求，水土保持要以预防保护和有效监督为主，加快小流域治理，采取工程措施和生物措施相结合，实行山水田林路综合治理。改善落后的生产方式，增加植被，拦蓄泥沙，保护水土资源和生态环境，改善贫困地区人民生活、生产条件。同时，建设全国水土保持监测网络系统十分重要，加强水土保持的监测力度，开展重点地区的水土流失监测和监督。

四、鼓励开发、利用水能和水运资源

《中华人民共和国水法》规定，国家鼓励开发、利用水能资源和水运资源。这是实施水资源综合利用，发挥水资源多种功能和综合效益的需要。

我国有丰富的水能资源，无论是水能蕴藏量，还是可能开发的水能资源，我国在世界各国中都占第一位。水电是可再生的能源，一经开发利用，每年就可节省大量煤炭或石油能源。新中国成立以来，党和政府十分重视水能资源开发利用，但是目前我国水资源开发程度仍低于发达国家，也低于许多发展中国家。所以，大力开发水能资源对我国国民经济可持续发展、对实现节能减排战略目标，具有十分重要的意义。

水力发电是开发利用水资源的一项重要内容。新《水法》规定："在水能丰富的河流，应当有计划地进行多目标梯级开发。建设水力发电站，应当保护生态环境，兼顾防洪、供水、灌溉、航运、竹木流放和渔业等方面的需要。"根据国外的经验，河流进行多目标梯级开发可以节省投资，加快开发进度，取得较好的效益。有计划地进行多目标梯级开发，满足国民经济发展对能源的需求，要与其他能源开发利用相协调，同时水力发电的建设应当在河流统一规划下，与水资源综合利用和防洪规划相协

调。开发河流的水能资源，建设水力发电站，除了获得发电效益外，还应考虑其他综合利用效益，只要规划得当，运行良好，可以同时满足调节洪水，改善航运条件，扩大供水和灌溉，发展养殖和渔业等方面的需要。如我国的新安江水电站从1957年动工兴建，1960年建成发电以来，除发了大量电力外，在防洪、航运、灌溉、水产养殖、林果业、旅游、供水等方面也取得巨大的经济效益。

我国是一个水运资源比较丰富的国家。在960多万 km² 的国土上，分布有长江、黄河、珠江、淮河、海河、辽河、松花江等大江大河，有贯穿海河、黄河、淮河、长江、钱塘江等五个水系的京杭运河，还有分布众多的湖泊和漫长的海岸线。这些河流、湖泊、近海域多数冬季不冻，水量丰裕，具有发展水运的良好条件。

我国内河水运有悠久的历史。早在公元前214年秦始皇时期就开凿了沟通长江和珠江水系的灵渠，这是世界上第一条越岭运河。从公元605年的隋朝开始，经过唐、宋、元朝所建成的京杭大运河，全长1700多 km，为南粮北运和其他各种物资的集散提供了便利的运输条件。内河航运与其他运输方式相比，它具有运输能力大、成本低、能耗小、投资省、污染少等优点。当然也有它的不足之处，如速度慢，服务范围受一定限制等。航道是水运的基础，为了从法律上保障水运事业的发展，《中华人民共和国水法》规定，在通航的河流上修建永久性拦河闸坝，建设单位应当同时修建过航设施。在不通航的河流或者人工水道上修建闸坝后可以通航的，闸坝建设单位应当同时修建过船设施或者预留过船设施位置。水运是综合运输体系中的一种重要运输方式，是水资源综合利用的重要组成部分，保护和发展水运事业是社会主义现代化建设的需要。

五、开发利用水资源应注重保护生态环境

由于气候条件变化，经济社会发展，人类活动加剧，不合理的水土资源开发等综合因素的影响，我国生态环境恶化十分突出，已严重影响经济社会的可持续发展。

水资源开发利用率是指流域或区域用水量占水资源总量的比率，体现的是水资源开发利用的程度。国际上一般认为，对一条河流的开发利用不能超过其水资源量的40%，而我国黄河、海河、淮河水资源开发利用率都超过50%，远远超过国际公认的40%的水资源开发生态警戒线，严重挤占生态流量，水环境自净能力锐减。

不合理的水资源开发导致严重的生态环境问题，例如河流断流、湖泊萎缩、湿地消失、天然植被遭破坏等。如果地下水过量开采，会造成地下水位持续下降、地面沉降、海水入侵、水源枯竭、水质恶化等环境问题。

《中华人民共和国水法》规定开发、利用、节约、保护水资源要"协调好生活、生产经营和生态环境用水"。还规定："在干旱、和半干旱地区开发、利用水资源，应当充分考虑生态环境用水需要。""跨流域调水，应当进行全面规划和科学论证，统筹兼顾调出和调入流域的用水需要，防止对生态环境造成破坏。"生态环境用水量指生态环境修复与建设或维护现状生态环境质量不至于下降所需要的最小需水量。按照维护生态环境功能和生态环境建设，可分为河道内和河道外两类生态环境用水，河道内生态环境用水是指为维持河道基本功能和河口生态环境用水；河道外生态环境用水一般为湖泊湿地生态用水、城市景观用水、地下水回补和水土保持用水等方面。

为保障生态环境用水的需求，应根据水资源开发利用模式和经济结构特点，分析流域水环境系统的承载能力，综合考虑水量和水质，对流域水资源承载力进行综合分析，提出各流域可用于生态环境的水量，在水资源合理配置基础上，统筹安排生活、生产、生态用水，制定保持生态用水需要的实施方案，研究制定生态环境保护和建设的管理体制、法制、机制和经济调节措施，切实修复生态环境，发挥生态环境效益，促进经济社会的可持续发展。

六、鼓励开发利用多种水源

就总体来讲，我国是水资源贫乏的国家，解决水资源的供需矛盾和改善水生态环境必须采取多种途径，《中华人民共和国水法》规定："在水资源短缺的地区，国家鼓励对雨水和微咸水的收集、开发、利用和对海水的利用、淡化。"此外，还规定"按照地表水与地下水统一调度开发、开源与节流相结合、节流优先和污水处理再利用的原则，合理组织开发、综合利用水资源"。"加强城市污水集中处理，鼓励使用再生水，提高污水再生利用率"。在合理开发地表水，科学利用地下水的同时，积极开发利用多种水源，增加可供水量，是缓解缺水矛盾的重要途径。

（1）雨水集蓄利用。在陕西、山西、甘肃、宁夏等黄土高原地区，河南、河北、内蒙古等干旱、半干旱缺水地区，以及东北的缺水旱地农业区，四川、广西、贵州等西南部分地区，通过修建水窖、水柜、旱井、蓄水池等小型、微型水源工程，发展和建设集雨节灌的雨水集蓄利用工程，结合水土保持建设，提高农业生产水平，改善农民生活条件。

（2）微咸水利用。微咸水是指矿化度为 $2\sim3g/L$ 的水。在干旱、半干旱和季节性干旱的半湿润地区，淡水资源短缺，利用微咸水灌溉，可以抗旱增产，提高经济效益。在中国黄淮海平原已应用 $2\sim5g/L$ 的咸水灌溉小麦、玉米和棉花。我国北方可开采利用的地下微咸水资源丰富，已开发利用的只是一小部分，还有很大的潜力。应进一步加以开发利用，化害为利，变废为用，对缓解北方的干旱缺水，生态环境的保护，水资源可持续利用，对经济社会的可持续发展，具有重大意义。

（3）海水利用。海水利用包括海水的直接利用和海水淡化。由于目前海水淡化投资和成本高，近期还难以普及应用。而直接利用海水进行工业冷却、生活冲洗、城市绿化和环境用水，以替代淡水资源，已成为我国不少沿海城市解决淡水资源紧缺的一条重要途径。目前利用海水的企业包括发电、化工、水产养殖、冶金、造船和纺织等行业。与淡水资源相比，海水资源是取之不尽用之不竭的资源，我国大陆海岸线漫长，沿海城市的工矿企业如能充分利用海水资源，则对节约沿海地区淡水资源和缓解水资源紧缺状况都有着重要的意义。

（4）污水处理利用。污废水排放量是指工业、第三产业和城镇居民生活等用水户排放的水量，但不包括火电直流冷却水排放量和矿坑排水量。对日益增多的污废水进行处理是生态环境保护的基本要求，经处理后的污废水则可能成为再生资源进行农业灌溉和城市绿化。污水处理回用对改善全国，特别是缺水地区的城市工业用水、增加生态环境用水和提高农业污水利用的质量，均有着重要的作用。此外，由于生活污水处理工艺相对简单，所以应研究和推广生活污水与工业废水分开排放，分别处理的模式，进一步提高污水资源化的程度。

第三节　水资源规划

水资源规划就是为合理开发利用和保护水资源，防治水害而制定的总体措施安排。区域水资源规划是为一定的自然地理单元、行政单元或经济单元内的水资源合理开发利用和保护、防治水害而制定的一类规划。

一、水资源规划的任务和作用

（一）水资源规划的任务

水资源规划的基本任务可概括为：根据国家建设方针、规划目标和有关地区、部门对水利的要求，以及规划范围内的社会、经济发展和自然条件、特点，提出一定时期内开发利用、保护水资源和防治水害的方针、任务、对策、主要措施、实施建议和管理意见，作为指导工程设计、安排建设计划和进行各项水事活动的基本依据。

在水资源规划中，要根据规划的任务和要求处理好以下几个方面的关系：一是水资源规划与国土整治规划的协调关系；二是地区之间，上下游之间，左右岸之间，各部门之间的协调关系；三是兴利、除害与发挥水资源综合效益之间的关系；四是需水量和供水能力，近期与远期的关系。

（二）水资源规划的作用

（1）各类水资源规划，特别是大江大河流域综合规划，是国土整治规划的主要组成部分。在我国，国土整治规划包括国土区域整治规划和国土专题规划。大江大河流域规划就是其中的十分重要的专题规划之一。它既以国土区域整治规划提出的任务要求（如水旱灾害防治、水资源的开发利用以及环境水利等问题）为依据，又在一定程度上对国土区域整治规划的具体安排（如拟定地区经济发展方向，城镇合理布局和一些重大基础设施安排）等起到约束作用。

（2）水资源规划是国家和地区制定水利建设计划的主要依据。在国家和地区的水利建设计划中，各项任务的主次，相应的措施方向，以及一些骨干工程的具体实施方案，都以流域或区域水资源规划成果为制定的基础，而后根据国家或地区财力反复调整落实。

（3）各项水资源规划为一些主要水工程的可行性研究和初步设计打下基础。规划中一般要对近期可能实施的主要工程兴建可行性，包括工程在流域或区域治理中的地位和作用、工程条件、大体规模、主要参数、基本运行方式和环境影响评价等进行初步的论证。并为拟定工程建设决策提供依据。

（4）各项水资源规划是流域或区域内进行各种水事活动的依据。如水量分配，水事纠纷处理，河道、水域和水工程运行的管理等问题，常涉及有关地区、部门的权益，只有通过规划，从全局出发统筹考虑，协调各方面的关系，才能取得比较一致的认识。

二、水资源规划的类型及管理权限

（一）水资源规划的类型

根据不同的规划范围和目的，水资源规划可分为综合规划和专业规划两类，而综合规划按其涉及的范围又可分为流域规划、区域规划和跨流域规划三种类型。

1. 流域规划

流域规划是综合研究一个流域内的各项开发治理任务的水资源规划，包括大江大河流域规划和中小河流域规划。流域规划是最重要的一类水资源规划，是其他水资源规划的基础。流域规划以水系为单元，有利于研究自然资源组成的总体，如生态系统、水旱灾害、水土资源等。

2. 区域规划

区域规划一般是根据流域规划所确定的总体安排，就治理开发某一地区而进行的详细规划。它通常是解决某自然地理区域（河段）或某经济区，或某行政区的水资源问题。

3. 跨流域规划

跨流域规划是指从某一流域的多水区向其他流域的缺水区送水，是两个或两个以上的流域的部分水资源经过调配得以合理开发利用的规划。主要目的是为缺水地区城镇及工业的供水和农田灌溉补充水源，多数还兼有其他综合利用功能。这类规划一般涉及范围广，影响因素多，其工程技术要求复杂，关系到两个或两个以上的流域水资源供需关系的调整，对自然环境和社会环境影响都很大。为此，《中华人民共和国水法》专门做了规定："兴建跨流域引水工程，必须进行全面规划和科学论证，统筹兼顾引出和引入流域的用水需求，防止对生态环境的不利影响。"

4. 专业规划

专业规划指流域或区域内，着重就某一治理开发任务所进行的单项规划。以开发利用水资源和防治水害为主要内容的规划有：防洪规划、除涝规划、灌溉规划、水力发电规划、内河航运规划、城市和工业供水规划、水资源保护规划、水土保持规划和水利渔业规划等等。这类规划一般都需要和流域规划或区域规划同步进行，使单项的专业规划成为拟定总体综合方案的依据。而总体方案对单项专业规划进行调整，使之相互协调。

（二）水资源规划管理权限

《中华人民共和国水法》规定，国家确定的重要江河、湖泊的流域综合规划，由国务院水行政主管部门会同国务院有关部门和有关省、自治区、直辖市人民政府编制，报国务院批准。跨省、自治区、直辖市的其他江河、湖泊的流域综合规划和区域综合规划，由有关流域管理机构会同江河、湖泊所在地的省、自治区、直辖市人民政府水行政主管部门和有关部门编制，分别经有关省、自治区、直辖市人民政府审查提出意见后，报国务院水行政主管部门审核；国务院水行政主管部门征求国务院有关部门意见后，报国务院或者其授权的部门批准。其他江河、湖泊的流域综合规划和区域综合规划，由县级以上地方人民政府水行政主管部门会同同级有关部门和有关地方人民政府编制，报本级人民政府或者其授权的部门批准，并报上一级水行政主管部门备案。防洪、治涝、灌溉、航运、供水、水力发电、竹木流放、渔业、水资源保护、水土保持、防沙治沙、节约用水等专业规划由县级以上人民政府有关部门编制，征求同级其他有关部门意见后，报本级人民政府批准。其中，防洪规划、水土保持规划的编制、批准，依照防洪法、水土保持法的有关规定执行。经批准的规划是开发利用水资源和防治水害活动的基本依据。规划的修订，必须经原批准机关核准。

三、区域水资源规划内容

区域水资源规划（也称地区水利规划）大体分为三种类型。

第一类为解决一个流域内某一地区或河段的水资源问题所进行的规划。它是在流域规划的基础上，对每个局部地区或河段的具体治理开发方案加以研究充实。例如我国淮河下游的里下河地区水资源规划，珠江三角洲地区水资源规划等都属于这一类型。

第二类为解决一个经济区的水资源问题所做的规划。最常见的是重点经济发展区的供水规划。例如我国的京津唐（北京、天津、唐山）地区的水资源规划、黄淮海平原地区水资源规划都属于这一类型。

第三类为按行政区所做的规划。在我国就是按省（自治区、直辖市）、地区（或市）和县所做的规划。每个行政区都有其经济和社会发展规划，水资源规划是其组成部分。进行这类规划是流域规划得以实施的重要保证。

以上规划内容对不同类型有不同的侧重点。第一类规划重点是进一步弄清现状条件下区域或河段存在的问题，提出既满足地区发展要求，又与有关流域总体安排相协调的方案和其实施计划。第二类规划的重点是分析区内经济发展的要求与水资源方面的制约条件，提出可能的安排。第三类规划一般都从实际需要方面考虑，着重分析其实施的可能条件。

区域水资源规划的内容有：

（1）确定规划目标、任务。即通过对区域内现状情况的了解、对各个方面发展前景的预测以及对水资源潜力和治理开发条件的分析，识别当前与长远问题所在，识别水利建设各局部之间及其与其他建设的相互关系，明确不同时期的侧重点，使各项战略安排符合全局需要。

（2）统筹研究防治区域内水灾的对策，防治对策诸如蓄、滞、泄等措施要根据上下游、左右岸、干支流的具体情况权衡利害，统一考虑。

（3）统筹研究防治区域内旱灾的对策，综合评价区域水资源。主要是：①查清研究区内可供利用的水资源数量、质量及其时空分布。②分析各地区、各部门对水资源的需求。③拟定分期水量平衡与分配方案。

（4）拟定总体工程布局。在统筹考虑各项任务的基础上，研究区域治理开发中关系全局的重大工程部署。

（5）综合评价规划方案实施后可能带来的社会、经济、环境等方面的影响。

（6）研究工程实施程序，分析轻重缓急，对主要工程作出分期安排。

四、区域水资源规划的基本资料及规划程序

1. 区域水资源规划的基本资料

区域水资源规划需要收集三方面的基本资料。即：区域内河川径流特性、国民经济各部门的用水特性和水库特性等方面的资料。

（1）区域内河川径流特性方面的资料，这方面的资料是水资源规划的基本数据资料。它包括气象（降水、蒸发等）、水文（径流量、水位等）、自然地理地貌等。

（2）国民经济各部门用水特性方面的资料。它们是进行规划计算的另一方面的依据。这方面的资料主要包括规划区的工业、农业、动力、交通运输等部门当前用水现状和远景发展规划资料。同时还应掌握各部门的用水特点，对水质、水量、保证程度、用水时间和引水地点等要求。

（3）水库特性方面的资料。包括水库的面积、容积特性、水库的直接蒸发量和渗漏损失、水库的淤积、水库淹没和浸没以及水库移民等。同时还必须掌握库区地形、地质以及库区经济人文等方面的资料。

（4）地下水资源方面的资料。包括规划区的地质、水文地质资料以及地下水动态长期观测资料和地下水开发利用统计资料等。

基本资料是水资源规划的依据，直接影响计算成果的质量和规划的科学合理性。因此，必须重视基本资料的可靠性和正确性。

2. 区域水资源规划编制程序

各类区域水资源规划由于范围、任务和研究的阶段不同，其研究内容、重点和深度常有较大的差别，但主要步骤基本相似，一般包括问题识别、方案拟定、影响评价和方案论证四个步骤。

第四节 水资源供需分析

水资源供需分析是指在流域或一定区域范围内对不同水平年、不同保证率可供的水资源与国民经济、社会和生态环境对水的需求之间的关系所进行的分析研究。水资源是发展经济，改善人民物质、文化生活的重要因素。进行水资源供需分析，可以揭示水资源供给和利用状况，预测未来发展趋势，反映经济社会对水的需求和变化趋势，为编制国土整治规划、江河流域规划、地区水利规划、城乡供水和工农业发展规划，以及制定水资源开发利用法规和政策，提供科学依据。

一、基本内容

包括划分平衡区和计算单元，摸清水资源开发利用现状和存在的问题，进行不同水平年、不同保证率水资源供需水量预测，分析水资源余缺程度，提出合理利用水资源及解决供需矛盾的对策与措施。平衡区和计算单元按流域、水系、供水系统、用水系统划分。对于经济发达、供需矛盾突出的地区，分区宜小。表示水情丰枯的代表年一般采用平水年（保证率 $p=50\%$）、枯水年（保证率 $p=75\%$）和特枯年（保证率 $p=90\%$ 或 $p=95\%$）。对于降水较少、年内分配过分集中于某一时段，降水的有效利用量对农业灌溉定额影响不大的区域，代表年一般从区域内的天然年径流系列中选取；对于降水量比较丰富，年内分配比较均匀的区域，代表年一般在年降水量或作物生长期的降水量系列中选取。表示不同时期的代表年要尽可能与国家或地区中长期发展计划分期相一致，一般划分为现状、近期和远景等 3 个水平年。

二、需水量预测

需水量可分为河道外和河道内两大类。河道外用水包括农、林、牧、渔业、灌溉、农村人畜饮用、工矿企业生产、城镇生活用水和部分生态环境用水等方面。河道内用水包括水力发电、航运、放木、排沙、河口冲淤、环境保护、旅游等方面。这些河道内需水，大部分本身并不耗水，但要求有一定的流量、水量和水位。河道内需水要根据一水多用的特点进行需水量和过程的组合，确定全年需水量及其变化情况，一般以月或旬为计算时段。不同水平年的需水量分析是水资源供需分析的重要环节，应依据各部门的发展规划进行测算。

需水预测是考虑到各种抑制需水增长因素的影响后，综合分析并定量计算未来不同水平年、不同用水部门的需水量及其需水过程。需水增长的主要因素有：国民经济结构及其发展规模、人口及其城乡分布、用水水平及用水效率、生态与环境保护目标等。抑制需水增长的主要因素有：水资源条件、水工程条件、水市场和水价因素、管理水平、节水水平等。

需水预测包括取用水量（毛需水量）预测和耗水量（净需水量）预测。取用水量预测主要为供水规划与供水工程建设提供依据；耗水量预测则是从水资源量的消耗角度为资源量平衡和供需分析提供依据。在进行需水总量预测的同时，还要对年内各计算时段的需水过程进行预测。

对需水预测结果进行合理性分析，也是需水预测的重要内容。分析包括：用水效率与效率分析、需水结构分析、需水与国民经济发展关系分析、需水增长趋势分析等。

（一）农业需水量预测

农业需水包括农田灌溉需水和林牧渔畜需水。其中农田灌溉需水所占比重较大，是农业需水的主体。当水资源短缺、水量得不到保证时，一般可以改变作物组成，使农田灌溉需水量降低。

农田灌溉需水量取决于灌溉面积、灌溉定额及灌溉保证率水平。灌溉面积可根据区域内水资源开发利用条件、农业发展规划和生产结构调整的趋势进行预测。灌溉定额参照实际用水水平，考虑灌溉技术的改进，按不同作物整个生育期间的需水量分别确定。在缺水地区要特别重视各种节水措施，提高灌溉用水效率，降低灌溉用水量。在缺水地区，以旱作物为主的灌溉保证率一般为 $50\% \sim 75\%$，以水稻为主的灌溉保证率一般为 $70\% \sim 80\%$；在丰水地区，旱作物和水稻的灌溉保证率一般均高于缺水地区。

农田灌溉需水量一般采用直接估算法或间接估算法进行测算。

（1）直接估算法。直接选用各种作物的灌溉定额进行预测，其计算公式为

$$W_i = \omega_i \sum m_i \tag{8-1}$$

$$W = \sum W_i \tag{8-2}$$

$$W' = W/\eta \tag{8-3}$$

式中　m_i——某作物某次灌溉定额，m^3/hm^2；

　　　ω_i——某作物灌溉面积，hm^2；

　　　W_i——某种作物净灌溉水量，m^3；

　　　W——全灌区所有作物净灌水量，m^3；

　　　W'——全灌区总毛灌溉用水量，m^3；

η——灌溉水利用系数，系指净灌溉用水量 $W_净$ 与毛灌溉用水量 $W_毛$ 之比，即 $\eta = W_净 / W_毛$。

（2）间接估算法。即先计算各时段综合灌水定额，再算整个灌溉用水量，其计算公式为

$$m_t = a_1 m_{1t} + a_2 m_{2t} + \cdots + a_i m_{it} \tag{8-4}$$

式中　　　　　　　m_t——t 时段综合净灌水定额；

m_{1t}，m_{2t}，…，m_{it}——t 时段各种作物的净灌水定额，m^3/hm^2；

a_1，a_2，…，a_i——各种作物占全灌区的灌溉面积比值，%。

全灌区某时段内的净灌溉用水量 W，可用式（8-5）求得

$$W = m_t A \tag{8-5}$$

式中　A——全灌区的灌溉面积，hm^2。

计入水量损失，则综合毛灌水定额：

$$m'_t = \frac{m_t}{\eta} \tag{8-6}$$

全灌区任何时段毛灌溉用水量：

$$W' = m'_t A \tag{8-7}$$

（二）工业需水量预测

工业需水量是指工矿企业在生产过程中，用于制造、加工、冷却、空调、净化、洗涤等方面的需水量。其用水特点是：增长快，要求高，年内用水量的变幅小，供水保证率一般要求在 95% 以上，许多工业部门对水质、水温还有特殊要求。工业用水部门多，用水工艺复杂，预测某一水平年的工业布局与发展规模不易准确，分析需水量有一定困难。工业需水量预测通常采用数理统计原理，根据历年工业用水量或单位产值用水量资料，按其变化趋势预测工业需水量。也可利用工业单位产品、产量、产值的用水量和用水增长率等统计参数与工业产值相关关系，推求工业需水量。采用这两种预测办法，要求有较长的用水统计资料。

不论采用何种工业需水量预测方法，都首先需要进行工业用水调查工作。通过调查了解一个地区工业用水的水平，可以找出合理用水的途径和措施，挖掘工业用水的潜力，同时为工业需水量的预测奠定基础。

1. 工业需水分析计算方法（水平衡法）

一个地区、一个工厂，乃至一个车间的每台用水设备，在用水过程中水量收支保持平衡。即一个用水单元的总需水量，与消耗水量、排出水量和重复利用水量相平衡。

$$Q_总 = Q_耗 + Q_排 + Q_重 \tag{8-8}$$

式中　$Q_总$——总需水量，在设备和工艺流程不变时，为一定值；

$Q_耗$——消耗水量，包括生产过程中蒸发、渗漏等损失水量和产品带走的水量；

$Q_排$——排出水量；

$Q_重$——重复用水量，包括二次以上用水量和循环水量。

2. 工业需水的指标

(1) 重复利用率 η，为重复用水量在总需水量中所占的比重：

$$\eta = (Q_重/Q_总) \times 100\% \tag{8-9}$$

(2) 排水率 P，为排出水量在总需水量中所占的比重：

$$P = (Q_排/Q_总) \times 100\% \tag{8-10}$$

(3) 耗水率 R，为耗水量在总需水量中所占的比重：

$$R = (Q_耗/Q_总) \times 100\% \tag{8-11}$$

以上三个指标可用平衡方程表示

$$\eta + P + R = 100\% \tag{8-12}$$

3. 用趋势法预测不同水平年的工业需水量

$$S_i = S_0(1+d)^n \tag{8-13}$$

式中　S_i——预测的某一水平年工业需水量；

　　　S_0——预测起始年份工业用水量；

　　　d——工业用水年平均增长率；

　　　n——从起始年份至预测某一水平年份所间隔时间。

(三) 生活需水量预测

生活需水按用水户分布，可分为城镇生活需水和农村生活需水。

1. 城镇生活需水

确定城镇生活需水标准，可通过实际用水调查，考虑城镇发展规模和用水发展趋势等因素。预测城镇人口，应以政府的人口政策、城镇发展规划为依据。农村人畜需水量在农业人口比重较大的发展中国家是水资源分配中的一个很重要的问题，也要分析计算。

(1) 趋势法或简单相关法。在一定范围内，城镇生活需水的增长速度具有一定规律性，因而可以用趋势外延和简单相关法预测未来需水量。在预测中，人口数以统计部门预测数为准，而用水定额以现状调查数字为准，分析用水定额的历年变化情况。或进行用水定额与国民平均收入的相关分析，考虑城镇不同水平年的经济发展和人民生活改善及提高程度，拟定一个城镇不同水平年的用水定额，计算公式如下：

$$W_i = P_0(1+\varepsilon)^n K_i \tag{8-14}$$

式中　W_i——某水平年城镇生活用水量；

　　　P_0——现状人口数；

　　　ε——城镇人口计划增长率；

　　　n——起始年份与某一水平年份的时间间隔；

　　　K_i——某水平年份拟订的人均用水综合定额。

(2) 分类分析权重变化估算法。一个城镇生活用水的各种用水项目之间存在一定的比例关系，而各用户的用水定额是随着时间变化的。因此，必须对各用户的权重和定额进行分析，从而提出一个合理的权重和用水定额，然后按式 (8-15) 计算总需水量

$$W_i = \sum \varepsilon_i K_i M_i \tag{8-15}$$

式中 W_i——某水平年城镇生活需水量;

ε_i——某一用户在某水平年所占的权重;

K_i——某一用户在某水平年的单位需水量;

M_i——某一用户在某水平年的用水人数。

2. 农村生活需水

通过典型调查,按人均需水标准进行估算,计算公式如下

$$W_农 = \sum nm \tag{8-16}$$

式中 $W_农$——农村生活需水量;

n——需水人数;

m——人均生活需水标准。

(四)水力发电需水量

水电站正常发电需要的水量,按各水平年投入运行的水电站在设计保证率下的发电放水过程计算。在梯级开发的河流上,可只计算最大一级水电站的发电需水。

(五)航运需水量

在一定通航标准下,保持河流最小航运流量的相应水量。一般利用河流某控制断面的流量过程线,以最小航运流量值画一水平线,水平线以下的水量即为最小航运需水量。对于水资源严重短缺的河流,航运需水与其他河道内和河道外用水有矛盾时,要通过经济分析,确定航运对河流水位、流量的要求。

(六)渔业需水量

通常以区域内河流出口处的月平均流量来控制。据大多数国家分析,河道基流保持平均流量的 30%~60%,能给鱼类等水生生物提供良好的栖息条件;保持平均流量的 10%,能为大多数的水生生物维持短期的生存栖息地。

(七)生态环境需水量

生态环境是关系到人类生存发展的基本自然条件。在水资源配置中,应重视生态环境用水的前提下,合理规划和保障社会经济的用水需求。生态环境用水的计算范围,目前认识是指维护生态环境不再恶化并逐渐改善所需要的水资源总量,包括保护和恢复天然植被及生态环境,水土保持及水保范围之外的林草植被建设,维持河流水沙平衡及湿地、水域等生态环境的基流,回补超采地下水等。

(八)排沙需水量

防止河道、水库及河口淤积的冲沙水量。排沙需水量根据河道水沙运动规律,通过冲淤分析计算确定。在含沙量较大的河流,排沙需水量常占河川径流很大的比重。如黄河下游河道的冲沙水量每年需要 200 多亿 m³,占黄河多年平均河川径流量的 36% 以上。河流、水库的排沙水量与天然来沙情况密切相关,排沙需水量预测的同时要考虑水土保持拦沙效果。

三、供水量预测

供水量指通过各种工程措施可开发利用的水量。

预测各类供水工程的可供水量。按供水水源分为地表水、地下水、外流域调水,以及污水再生回用、海水利用、微咸水利用等各项可供水量。供水预测要在水资源开

发利用现状分析基础上，对可供水量和供水结构进行预测。现状水平年的可供水量是供水预测的基础，在地表水供水量中要扣除污水超标利用部分，在地下水供水量要扣除地下水的超采部分，在跨流域调水中扣除超出分水指标的引水量等。

可供水量预测要分别确定地表水、地下水、污水处理回用、雨水直接利用、海水利用、跨流域调水等开发利用潜力，以区域水循环和水量平衡为基础，考虑水资源承载力，确定各种保证率下的可利用量，并进行供水工程布局、供水工程可行性研究，同时考虑水环境承受能力、经济合理及保护环境等的基础上，预测可供水量。

供水预测应遵循的基本原则：①要兼顾防洪、除涝、供水、发电、灌溉、航运、水产、生态环境等方面的要求，综合发挥供水工程的经济、社会和环境效益；②兼顾上下游、左右岸、地区间和部门之间的效益，统筹安排，合理配置；③生活供水优于其他供水，统筹安排工业、农业以及生态环境的用水要求；④合理开采地下水，严格控制地下水的超采；⑤跨流域调水要统筹考虑引出、引入水源流域用水要求，防止对生态环境产生不利影响；⑥积极开发利用其他可供水源，包括污水处理再利用、海水利用等。

四、供需平衡分析

在需水预测和供水预测的基础上，进行区域供需水平衡分析。分析的方法主要有两种：典型年法和系列年法。

典型年法在计算某一来水频率下的区域供需水时，将研究区内的一条或几条河流出口断面的年来水量从大到小排队，并计算其频率，找出频率为 75%（或 50%、95%）的年来水量及其相应的年份。并以这一年为实际年，用其来水过程及相应的区域内供水工程与需水进行逐时段的平衡计算，按照从支流到干流、从上游到下游逐级向下推算的原则，计算出全区的供需平衡情况。

系列年法是将区域分成多个计算节点，计算时采用有代表性的水文长系列，逐级逐时段向下计算。供水和需水根据不同水平年加入的供水工程和相应的供水区域的需水要求，进行供需平衡计算。

例如，对某条河流源头计算单元的供需分析。针对某一时段，必须先统计计算出以下各个要素：当地产水量 R、需水量 D、可供水量 $G_可$、回归水量 $R_回$、余缺水量 S 和出境水量 $R_出$、弃水量 $R_弃$。

针对某一时段，当 R 一定时，$G_可$ 与 $R_弃$ 是互补关系，即 $G_可$ 大，$R_弃$ 则小；反之，$R_弃$ 则大。在得出可供水量以后，可按式（8-17）进行该时段的余缺水量 S 的计算

$$S = G_可 - D \tag{8-17}$$

式中　S——余（＋）、缺（－）水量；

$G_可$——可供水量；

D——本单元内该时段的需水量。

得出可供水量和余缺水量以后，便可以用式（8-18）计算出本单元该时段的出境水量

$$R_出 = R_弃 + S + R_回 \tag{8-18}$$

上一个供需水平衡区的出境水量即为下一个平衡区的入境水量，其余计算类推。

通常供需之间不可能完全平衡，要多次反复修订，多次平衡分析。供水量不能满足需水要求时，要立足本区，开源节流，在水资源贫乏地区要特别重视节流；同时要在水资源条件许可、经济合理的情况下，适当增加工程措施，提高供水量。研究工农业发展规划，也要认真考虑水资源条件，互相适应，力求平衡。对于水资源特别缺乏而又必须开发的地区，需要研究跨流域调水方案。水资源供需分析涉及许多用水部门，关系复杂，分析计算工作量大，需采用系统分析方法和优化技术，进行筛选比较，按自然规律和经济规律进行水资源供需平衡分析。一般情况下，水资源供需分析关系如图 8-1 所示。

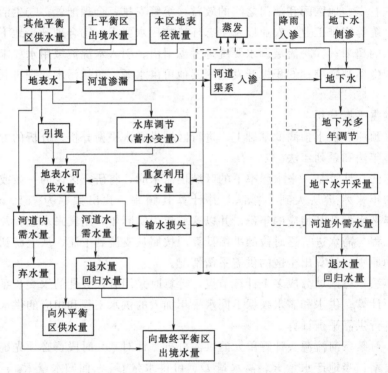

图 8-1　水资源供需分析框图

我国各地水资源供需状况差异很大。从分区来看，可分为余水区、基本平衡区、缺水区和严重缺水区四种类型。余水区和基本平衡区多在长江流域以南，但由于水资源年内分配不均匀和水利设施不足，这两区内的不少丘陵盆地和沿海城市也有不同程度的缺水。缺水区和严重缺水区多在黄淮海平原、黄土高原、山西能源基地、辽河中下游、辽东半岛和山东半岛。

课　后　扩　展

一、思考题

1. 地球上的水，尽管数量巨大，而能直接被人们生产和生活利用的，却少得可怜，我们今后进行水资源开发利用要遵循哪几大原则？

2. 某地区水资源面临先天不足和后天污染的双重困境，主要特点为：水资源总体偏少而且空间分布不均匀；资源性缺水及水污染严重；地下水过度取用；水生态环境破坏严重。该地区今后的水资源开发利用应该何去何从呢？

3. 某沿海城市，水资源开发利用程度较高，但优质淡水仍然供不应求，你能想到哪些具体措施来缓解供需矛盾呢？

第九章 水资源保护

本章学习的内容和意义：水资源保护的核心是根据水资源时空分布、演化规律，调整和控制人类的各种取用水行为，使水资源系统维持一种良性循环的状态，以达到水资源的永续利用。水资源保护不是以恢复或保持地表水、地下水天然状态为目的的活动，而是一种积极的、促进水资源开发利用更合理、更科学的问题。水资源保护与水资源开发利用是对立统一的，两者既相互制约，又相互促进。保护工作做得好，水资源才能永续开发利用；开发利用科学合理了，也就达到了保护的目的。水资源保护工作应贯穿在人与水的各个环节中。

第一节 概　　述

一、水资源保护的概念

水资源保护这个概念有广义与狭义之分。广义的水资源保护包括以下 4 方面内容：

（1）防治水质污染，保护水质。

（2）防止水源枯竭，稳定江河基流。

（3）防止水流阻塞，保证河流畅通。

（4）防止水土流失，加强水土保持。

从环境保护的角度讲，水资源保护也就是水环境保护。在环境保护法规与水法规中，都包括上述 4 个方面的内容，但在调整的侧重点、主管机关、管理制度、规范内容、调控手段等方面，既相互联系，又有所区别。《中华人民共和国环境保护法》（以下简称《环境保护法》）侧重于水污染防治和生态保护；水法规则是对水量、水质和水域的全面管理和保护。按照特别法优于一般法的原理，水污染防治主要适用《环境保护法》和《中华人民共和国水污染防治法》；水资源保护主要适用《中华人民共和国水法》；水土保持主要适用《中华人民共和国水土保持法》。

狭义的水资源保护，是指在水管理工作中的水质保护以及水利部门承担的水环境保护工作。

二、水环境问题的分类

水环境问题按发生机制可分成两大类。

（一）水环境破坏

主要是指人类活动产生的有关环境效应，它们导致了环境结构与功能的变化，对人类的生存与发展产生了不利影响。主要是由于人类违背了自然生态规律，急功近利，盲目开发自然资源引起的。如地下水过度开采造成地下水漏斗、地面下沉、水土

154

流失，大型水利工程导致的环境改变、泥沙问题等。

（二）水污染

水污染是指水体因某种物质的介入，而导致其化学、物理、生物或者放射性等方面特性的改变，从而影响水的有效利用，危害人体健康或者破坏生态环境，造成水质恶化的现象。水污染主要是在工业革命及大规模的城市化后出现的，在此之前也有水污染，但对整个环境来说影响很小。目前，国家为了防治水污染，投入了大量的人力、物力及财力，但是水污染的形势依然严峻。

三、水资源保护的方法

水资源保护应遵循"预防为主，重在管理，综合治理"的原则，具体方法包括以下内容。

（一）行政措施

包括建立健全有效的管理体系，制定区域水环境质量标准和水污染排放标准，审批排污口设置，建立水质监测网络，编制和审批水资源保护规划等。

（二）法律手段

通过制定法律、法规、规章及规范性文件，加强水资源保护的力度，规范人们在开发利用水资源方面的各种行为。

（三）经济手段

实行排污收费，超标排污加价或罚款等手段，对浪费水量、污染水源的行为予以制裁，迫使其自觉保护水资源。

（四）技术手段

通过污水处理、兴建工程、植被种树等各种科学技术手段保护水资源。

四、我国水资源保护现状

由于国民经济持续高速发展，过去几十年间大量废水、污水未经处理排入江河湖泊，严重污染了水体。长江、黄河、珠江、松花江、淮河、海河、辽河七大流域受到不同程度的污染，西北诸河和西南诸河水质为优，浙闽片河流、长江和珠江流域水质为良好，黄河、松花江、淮河和辽河流域为轻度污染，海河流域为中度污染。112个重要湖泊（水库）中，主要污染指标为总磷、化学需氧量和高锰酸盐指数。地下水的水质监测结果也不容乐观，主要超标指标为总硬度、锰、铁、溶解性总固体、"三氮"（亚硝酸盐氮、氨氮和硝酸盐氮）、硫酸盐、氟化物、氯化物等，个别监测点存在砷、六价铬、铅、汞等重（类）金属超标现象。

水污染降低了水体的使用功能，威胁饮用水的安全，一些地方甚至出现了守着河流没水喝的状况。由于水污染造成的水质型缺水问题已经相当严重，这对于我们这样一个缺水国家来说无疑是雪上加霜。水污染还对水处理厂的正常运行造成不良影响，如水体富营养化后，大量生长的藻类使管网堵塞。水污染使农田受到重金属和合成有机物污染，土地的污染使大量农畜产品污染。河流水质污染使水产养殖业受到损害，由此造成的污染纠纷也日渐增多。

根据国际水污染防治的经验，解决水污染问题需要几代人的努力才能解决。例如，滇池治理逾 20 年，投入资金已高达数百亿元，水质等级却未得到有效提升。研究人员对滇池沉积物的调查结果表明，即使全部切断进入滇池所有污染源，从池内沉积物中释放出来的污染物所导致滇池富营养化状态仍将持续50～100年。又如国家在20世纪90年代中期提出要以"壮士断腕""破釜沉舟"的决心治理淮河污染，但是到2017年淮河流域依旧是轻度污染，主要污染指标为化学需氧量、总磷和氟化物，180个水质断面中，无Ⅰ类水质断面，Ⅱ类占6.7%，Ⅲ类占39.4%，Ⅳ类占36.7%，Ⅴ类占8.9%，劣Ⅴ类占8.3%。

水污染已经成为不亚于洪灾、旱灾甚至更为严重的灾害，如果不加强有关水资源保护的工作，我们将付出比现在更高的代价，水资源可持续利用就无法实现。

第二节　水资源保护工作内容

水是人类生存和发展不可替代的资源，是维持社会经济持续发展的物质基础，是稳定生态系统的重要因素。但水资源危机已成为全球性问题，水资源与水环境保护已成为社会可持续发展的重点，水资源保护是一项长期的战略任务。

从环境水利角度来讲，水资源保护包含水资源合理开发和水质保护两个方面。主要体现在水资源的开发、利用、配置、节约、保护、治污等六个方面。

一、水资源保护规划

要突出体现水污染的治理和水资源的保护，即进行河流、湖泊、水库、地下水等环境水质调查、监测和评价；要在掌握水体自净能力的基础上，确定水体环境容量，明确污染物总量控制目标，实施污染物排放总量控制；要审核水域纳污能力；要做好水功能区划，以确定重点保护水域，强化水环境管理，规范排污口管理等。

二、水体水质调查与监测

为了解和掌握水污染状况和影响因素，需对水体进行现场勘查和水质监测。水体水质调查分一般性调查和专项调查。水质调查多采用现场勘查和资料收集。调查内容应包括水体自然环境状况调查、污染源调查和污染事故调查。水质监测有常规监测和专门监测两类。水质监测工作包含监测站网建设和规划，确定采样频率、采样方法，确定测定项目和分析方法，系统整理与分析数据，对水体质量作出评价。

三、水功能区划分

依据国民经济发展规划和水资源综合利用规划，结合区域水资源开发利用现状和社会需求，科学合理地在相应水域划定具有特定功能、满足水资源合理开发利用和保护要求并能够发挥最佳效益的区域（即水功能区）；确定各水域的主导功能及功能顺序，制定水域功能不遭破坏的水资源保护目标；通过各功能区水资源保护目标的实现，保障水资源的可持续利用。

中国水功能区划分两级体系：一级区分水域水源保护区、缓冲区、开发利用区及其保留区；二级区分饮用水源区、工业用水区、农业用水区、渔业用水区、景观娱乐用水区、过渡区和排污控制区。这种分区可使水资源开发利用更趋合理，以求取得最佳效益，促进经济社会可持续发展。

四、水域纳污能力分析

水体的纳污能力与水体功能、水环境执行标准和水体的自净能力有关。自净能力是水环境本身的一种特有功能，研究水体自净能力，确定水域环境功能和环境容量是分析水域纳污能力的基础。

五、污染物总量控制

以环境质量目标为基本依据，根据环境质量标准中的各种水质参数及其允许浓度，对区域内各种污染源的污染物的排放总量实施控制的管理制度。在实施总量控制时，污染物的排放总量应小于或等于允许排放总量。区域的允许排污量应当等于该区域环境允许的纳污量。环境允许纳污量则由环境允许负荷量和环境自净容量确定。污染物总量控制管理比排放浓度控制管理具有较明显的优点，它与实际的环境质量目标相联系，在排污量的控制上宽、严适度。执行污染物总量控制，可避免浓度控制所引起的不合理稀释排放废水、浪费水资源等问题。

国家提出"总量控制"实际上是区域性的，也就是说，当局部不可避免地增加污染物排放时，应对同行业或区域内进行污染物排放量削减，使区域内污染源的污染物排放负荷控制在一定数量内，使污染物的受纳水体环境质量可达到规定的环境目标。有利于区域水污染控制费用的最小化。

污染物总量控制方法包括：

（1）容量总量控制。它是建立在水环境容量的基础上。

（2）目标总量控制。它是以环境目标或相应的标准为基础，在保证环境质量达标条件下采用的最大排污限额。

（3）指令性总量控制。即国家或地方政府按照一定原则在一定时间内下达的主要污染物排放总量控制指标。

三者的相互关系是：容量总量控制是以环境纳污能力（自净能力）为控制点；目标总量控制以污染源可控技术最佳条件下的环境目标值为基点进行总量控制负荷分配；指令性总量控制以限制排污量为控制点。

六、排污口调查

这是水域纳污能力分析的一项基础工作。排污口调查是紧密围绕着水域纳污能力开展调查工作。调查内容有：排污口位置；污水来源及污水量；水质及其污染物排放通量；污染源治理措施及其处理效果；污染源评价确立主要污染源和主要污染物；排污口规范管理等。

七、水质管理

包括水体污染源的管理和河流、湖库等水体环境质量的管理。水体污染源管理是对污染源所排放的污染物种类、数量、特性、浓度以及排放时间、地点和方法进行有效的监督、监测与限制，对其污染治理给予技术指导。水体环境质量管理采取行政、法律、经济等手段和措施，促进污染源治理。

八、法制建设

水法是防止、控制和消除水污染，保障合理利用水资源的法律依据。1918年苏联颁发了第一个保护水源的法令。英国、美国、法国、日本、德国等发达国家先后制定了水法或水污染控制法。中国自 20 世纪 70 年代开始，先后颁布了《中华人民共和国环境保护法》《中华人民共和国水法》《中华人民共和国水污染防治法》等，使水资源保护工作逐步进入法治化管理阶段。

世界各国水污染防治发展的特点是从局部治理发展为区域治理，从单项单源治理发展为综合防治，即对区域水资源状况、利用现状、污染程度、净化处理和自然净化能力等因素进行综合考虑，以求得整体最优的防治方案。英国泰晤士河、美国特拉华河等，都是在多年调查研究的基础上，运用系统工程的原理与方法，对复杂的水环境进行综合系统分析与模拟，对治理方案进行了优化选择，花费较少的投资与时间，获得了良好的治理效果。

九、水污染源管理

水污染源管理是指采取行政、法制、经济和技术等手段和措施控制水污染源的污染物产生量及其排放量。

水污染源管理内容：

（1）污染源调查与评价。

（2）污染源治理。

（3）对新建、扩建工程项目环境影响评价报告书进行审核。

（4）污染事故调查与仲裁。

（5）有毒化学品的管理。

（6）排污口规范管理。

（7）面源污染管理。

第三节　水　污　染

9-3

水资源保护-
水污染

一、水质

水质是水体质量的简称。由水的物理学、化学和生物学等方面的综合性质所决定。按水的用途和人类用水需要，制定不同用水质量的标准，可将同一用水划分若干等级或类型。

（一）水质的分类

（1）水的物理性质常用温度、色度、浑浊度、透明度、悬浮物、电导率、嗅和味、水面景观（含水面悬浮物、泡沫、浮渣、油类等）等表示和度量。

（2）水的化学性质常用 pH 值、矿化度、硬度、碳酸盐、氯化物、硫酸盐、钾、钠、钙、镁等离子含量，氟化物、溶解性铁、总锰、总铜、总汞、总镉、总铅、总锌、六价铬、总砷、硒（四价）、总氰化物、硝酸盐、亚硝酸盐、非离子氨、氨氮、凯氏氮、总磷、高锰酸盐指数、化学需氧量、生化需氧量、溶解氧、挥发酚、石油类、阴离子表面活性剂、硫化物等表示和度量。

（3）水的生物性质主要是指水中存在威胁动植物生命安全的水生生物，其中以致病菌和病毒等为主，大肠菌群为水中致病菌的指示生物。

（二）水污染的机理

污染物质进入水体成为水体的一部分，并与周围物质相互作用，造成污染。污染过程受水温、流速、水压和污染物的种类、数量等诸多因素的影响，同时也决定了污染发展的趋势和污染危害的大小。

污染物质进入水体通常发生物理、化学和生物作用，使水质趋于恶化，同时，水体的自净能力又能减缓或减轻水质的恶化。这两种互为相反的作用始终贯穿于水体污染的全过程。水质的恶化主要表现为：

（1）水中溶解氧（DO）的下降，造成水中厌气菌大量繁殖，使水发生恶性臭。这通常是大量有机污染物进入水体造成耗氧所致。

（2）水生态平衡被破坏。耗氧和富营养化使耐污、耐毒、喜肥的低等水生生物（如藻类）大量繁殖，而使高等水生生物（如鱼类）躲避、致畸甚至大量死亡。

（3）水中增添过量有毒物质，或者使某些低毒物质转化为高毒物质，如氧化还原条件的改变能使三价铬转化为毒性更大的六价铬。

（4）污染物向底泥中不断累积，通过食物链（或营养链）的富集，使污染物的浓度大大提高。

总之，污染物质进入水体后，造成水污染的机理相当复杂，常常是多种因素同时作用和一种因素多种作用共同发生，但又以某种因素或某种作用为主，因而衍生出形形色色的水污染现象。

二、水污染类型

根据污染物质及其形成的性质，可以将水污染分成化学性污染、物理性污染和生物性污染三类。

（一）化学性污染

（1）酸碱污染。矿山排水、黏胶纤维产业废水、钢铁厂酸洗废水及燃料企业废水等，常含有较多的酸。碱性废水则主要来自造纸、炼油、制革、制碱等企业。酸碱污染会使水体的 pH 值发生变化，抑制细菌和其他微生物的生长，影响水体的生物自净作用，还会腐蚀船和水下建筑物，影响渔业、破坏生态平衡，并使水体不适于作饮用水源及农业用水。

（2）重金属污染。电镀工业、冶金工业、化学工业等排放的废水往往含有各种重金属。重金属对人体健康和生态环境的危害极大。如汞、铅等。闻名于世的水俣病就是由汞污染造成的，镉污染则会导致骨痛病。重金属排入天然水体后不可能减少或消失；却可能通过沉淀、吸附及食物链而不断富集，达到对生态环境及人体健康有害的浓度。

（3）需氧性有机物污染或称耗氧性有机物污染。碳水化合物、蛋白质、脂肪和醇等有机物可在微生物作用下进行分解，分解过程需要耗氧，因此被统称为耗氧性有机物。生活污水和很多工业废水，如食品工业、石油化工工业、制革工业、焦化工业等废水中都含有这类有机物。大量需氧性有机物排入水体，会引起微生物繁殖和溶解氧的消耗。当水体中溶解氧降低到 4mg/L 以下时，鱼类和水生生物将逐渐死亡。水中的溶解氧耗尽后，有机物将由于厌氧微生物的作用而发酵，生成大量硫化氢、氨等带臭昧的气体，使水质发黑发臭，造成水环境恶化。需氧有机物是水污染中最常见的污染之一。

（4）营养物质污染。又称富营养污染。生活污水和某些工业废水中常含有一定数量的氮、磷等营养物质，农田径流中也常挟带大量残留的氮肥、磷肥。这类营养物质排入湖泊、水库、港湾、内海等水流缓慢的水体，会造成藻类大量繁殖。这种现象被称为"富营养化"。大量藻类的生长覆盖了大片水面，减少了鱼类的生存空间，藻类死亡腐败后会消耗溶解氧，并释放出更多的营养。如此周而复始，恶性循环，最终导致水质恶化，鱼类死亡，水藻丛生，湖泊衰亡。

（5）有机毒物污染。各种有机农药，有机燃料及多环、芳香胺等，往往对人及生物体具有毒性，有的能引起急性中毒，有的则导致慢性病，有的已被证明是致癌、致畸、致突变物质。有机毒物主要来自焦化、染料、农药、塑料合成等工业废水，农田径流中也有残留的农药。这些有机物大多具有较大的分子和复杂的结构，不易被微生物所降解，因此在生物处理和环境中均不易去除。

（二）物理性污染

（1）悬浮物污染。各类废水中均有悬浮杂质，排入水体后影响水体外观，增加水体的浑浊度，妨碍水中植物的光合作用，对水生生物生长不利。悬浮物还有吸附重金属及有毒物质的能力。

（2）热污染。热电厂、核电站及各种工业都使用大量冷却水，当温度升高后的水排入水体时，将因水体水温升高，溶解氧的含量下降，微生物活动加强，某些有毒物质的毒性作用增加等，对鱼类及水生生物的生长有不利影响。

（3）放射性污染。主要由原子能工业及应用放射性同位素的单位引起，对人体有重要影响的放射性物质有^{137}Cs、^{238}U 等。

（三）生物性污染

生物性污染主要是指致病菌及病毒的污染。生活污水，特别是医院污水，往往带有一些病原微生物，如伤寒、副伤寒的病原菌等。这些污水流入水体后，将对人类健康及生命安全造成极大威胁。

在实际的水环境中，上述各类污染往往是同时并存的，上述各类污染也常常是互有联系的。例如，很多有机物以悬浮状态存在于废水中，很多病原性微生物与有机物共同排放至水体等。

三、河流水质

河流水体环境质量的综合反映。河流是地表水和地下水汇聚而成的流动通道，有两个明显的特征：①有连续或周期性的水流；②与大气和陆地有巨大的接触面，是一个开放型水生态系统。河流水质有如下特点：①河水矿化度较低；②大江大河的河水浑浊度较大，透明度较低；③河水溶解气体充足，各部位河水的溶气量几乎没有差异；④河水水温随季节而变化，河流断面的水温基本一致，分层现象不明显；⑤河流在流程中不断有工业废水、生活污水、农田排水、地表径流加入，河水水质随排入河流的径流与污水组合情况而沿程变化；⑥河水流量受季节、降水量、气象和人为因素等的影响，水质也受流量影响而发生变化；⑦河流是一个流动的水生态系统，初级生产力和次级生产力都低于湖泊、水塘等静态水生态系统。

中国河流大多数为西东走向，一般流程较长，穿过不同的地质带、气候带和人类活动带，因此河流水质有明显的地带性和规律性。中国河流水质以重碳酸盐类分布最广，约占 68%，氯化钠类水质占 25%。我国河流水质污染已相当普遍和严重。

四、水库水质

水库水体环境质量的综合反应。水库是蓄积了大量水的人工湖。通常在河道上建坝，拦蓄河水。蓄水量小的称堰，蓄水量大的称水库。但也有将坝建在河道之外，用导流工程把河水引入天然或人工洼地形成的水库。水库是人类为调节径流，改善河流航运条件，利用水能和供水等而兴建的。

水库兼有河流和湖泊二者的特征。与河流相似之处，是水体有一定的流速，仍保留河流的某些特征。与湖泊相似之处，是水体保持相对静止，水体交换率稍低。因此，水库是一个半河、半湖的人工水体，但水库水位变幅较大。

水库水质有如下特征：①洪水时库水的浑浊度比湖泊大。②水库蓄水时，淹没区的植被、农田作物等沉入库底，有机物腐败分解，土壤浸渍作用、岩石溶蚀作用等使库水矿化度、溶解性气体和营养物质等发生了较大的变化，其变化趋势是逐渐接近湖泊水质状况。③若库水交换率高，其水质状况接近河水；反之，则接近湖水。④库水溶解氧在夏季高于河水，冬季低于河水；而库水二氧化碳含量则与此相反，夏季低于河水，冬季高于河水。⑤水库在不泄水时，其水质季节性变化规律与湖水水质一致。⑥当水库泄水时，库水热量、溶解氧和营养物质分布与浓度，则与排水方式有密切的关系。如排水孔设置在大坝底部，则排出的是缺氧、营养物质丰富的低温水，这样的排水常给下游农业、渔业造成损害，称为水库冷害。这种排水方式将富氧、温暖和营养物质相对贫乏的水留在库里。如排水孔设置在坝的上部，则将库内温暖、富氧和营养物质贫乏的水排出，而将水库底层水留在库里，此时库水水质与湖泊水质接近。⑦水库是一个静水和流水混合生态系统，它有时像湖泊，是静水生态系统；有时像河流，是流水生态系统。因此，水库生产力不及湖泊，而高于河流。

五、湖泊水质

湖泊水体环境质量的综合反映。湖泊是大量水聚集在陆地地表低凹处而形成的，按其成因有构造湖、火山口湖、冰碛湖、堰塞湖、喀斯特湖、漓湖和人工湖等。湖泊是一个封闭型水体，湖水相对静止，交换率很低。

湖泊水质特征表现为：①湖水透明度较高。这是由于湖水中的泥沙等悬浮颗粒物沉于湖底。②湖水矿化度较大。这是由于湖水蒸发量大，无机盐类浓度逐渐升高，在干旱地区的湖泊可能出现盐类结晶。③湖水热量（水温）在一年之中呈规律性变化。夏季深水湖泊的水温呈垂直分层，表水层水温高，温跃层水温变化较大，深水层水温恒定；春、秋两季的湖水近乎同温层；冬季水温随水深增加而出现逆分层现象，表水层水温最低。④湖水溶解氧分布受水体热量季节变化的影响，夏季表层水溶解氧含量高，底层水处于缺氧或厌氧状态；在冬季，随水体热量垂直运动，加快湖水在垂直方向的复氧过程。⑤湖水 pH 值变化受水体热量变化和水体生物学过程的影响。夏季底层水温低，缺氧、厌氧生物分解有机物，导致水的 pH 值下降，其他季节，底层水

pH 值略有回升，仍偏酸性。表层水 pH 值有昼夜变化现象，凌晨湖水 pH 值最低，偏酸性。随着日出，光合作用启动，pH 值逐渐上升，至中午前后，pH 值最高可达 8～9，偏碱性。随着日落，湖水 pH 值又逐渐下降，至凌晨达最低点。⑥湖水营养物质呈分层分布状态。底层水长期处于厌氧状态，营养物质丰富，呈还原状态，而且易被湖底腐殖质吸附。表层水的营养物质呈氧化状态，易被生物吸收，其浓度相对偏低。⑦湖泊按营养物质（主要是氮磷营养元素）水平划分为贫营养湖泊、中营养湖泊和富营养湖泊。贫营养湖泊初级生产力和次级生产力均低；中营养湖泊初级生产力和次级生产力均高；富营养湖泊初级生产力极高，但次级生产力极低。在湖泊水质管理上，要控制或遏制湖泊富营养化发展进程，特别是减少入湖的氮磷总量。

六、地下水水质

地下水的物理性质、化学成分、细菌和其他有害物质含量的总称。地下水的物理性质，指地下水的温度、透明度、颜色、气味、导电性及放射性等。地下水的化学成分，包括地下水中的各种阴阳离子、微量元素和气体含量以及矿化度、硬度等。

地下水水质主要受含水层的岩性组成、地下水的埋藏深度、补排条件、交替循环强度等条件的影响。水文和气候环境以及人类与生物活动等因素，也是影响地下水水质的重要因素。

1. 含水介质与地下水水质

地下水在含水层中运动，对岩石有溶滤作用，使岩石中的部分物质进入水中，从而改变地下水的化学成分。因此，含水介质与地下水水质有密切关系。例如石灰岩地区的地下水多为低矿化的 $HCO_3^- - Ca^{2+}$ 型水；花岗岩地区的地下水往往是低矿化的 $HCO_3^- - Na^+$ 型水；富含石膏的沉积岩地区的地下水中 SO_4^{2-}、Ca^{2+}、Mg^{2+} 离子和总矿化度常较高；火山地区的地下水，其 F^-、Br^-、Li^+ 等微量元素含量明显增高。

2. 地下水补排条件对地下水水质的影响

来源于大气降水渗入的地下水和凝结水，一般矿化度低，且富含 O_2、CO_2、N_2、Ar 等气体。埋藏水则反映古沉积盆地的特点，常为高矿化度的 $Cl^- - Na^+$ 型水。而受河、湖、海等地表水体补给的地下水，其水质与补给水体的水质密切相关。

3. 地下水交替循环的强度

在开放的构造隆起地区或地形切割强烈的山区，地下水交替循环作用强烈，形成低矿化的重碳酸型水；封闭的向斜盆地或地势平坦的低洼地区，地下径流条件差，地下水交替缓慢，有利于盐分的积聚，因而矿化度增高；沼泽区由于排水条件差，浸出的铁、锰离子不断积聚，故水中的铁、锰离子含量增高。

4. 气候环境

干旱地区蒸发作用强，使地下水产生浓缩，形成 $SO_4^{2-} - Na^+$ 型或 $Cl^- - SO_4^{2-} - Na^+$ 型高矿化水。湿润多雨气候区，由于大气降水的不断补给，可促使地下水不断淡化。

5. 人类和生物活动

人类的活动对地下水化学成分有很大的影响。如渠道渗漏和不合理的灌溉制度可导致地下水位抬高，蒸发作用加强，促进地下水化学成分改变。工业"三废"和大量施用化肥，导致其中酚、氰、砷、汞、铅、锌、铬、锰、铜、镉、亚硝酸等有害元素进入地下水而造成严重污染。沿海地区过量开采地下水，常引起海水入侵而使得地下水水质变坏。人类和动物排泄物和生物遗体腐烂，均可造成地下水水质严重污染，其主要标志是耗氧量、有机含氮化合物和细菌等含量增加，并引起地下水的气味和味道、透明度和浓度等物理性质发生变化。

测定和检验水的物理性质、化学成分、细菌和其他有害物质含有情况的工作，统称水质分析。按照水质分析的目的和内容可分为简易分析、全项分析和专项分析。水质分析工作是研究和评价地下水形成、补排条件，进行地下水资源评价，环境水对混凝土侵蚀性评定，环境污染和土壤盐渍化及其防治等工作的重要依据。研究地下水作为生活饮用水、灌溉用水和各种工业用水的适用性，称为地下水水质评价。各国或有关国际组织对各种用途的水的水质都有一定的要求，称为水质标准，如生活饮用水水质标准，灌溉用水水质标准，环境水侵蚀判定标准，水工混凝土拌制和养护用水水质标准，锅炉用水水质标准等。

除上述目的外，研究地下水水质，对阐明地下水的形成条件，研究各含水层间及其与地表水体间的水力联系，判定地下水对建筑物的腐蚀性，查明地下水和河流（湖泊、水库）水的污染源以及水化学找矿等方面均有十分重要的意义。

七、水体自净作用与水环境容量

（一）水体自净作用

水体具有消纳一定量的污染物质，使自身的质量保持洁净的能力，人们常常称之为水体的自净。水体的自净过程十分复杂。它包括了物理过程，如稀释、扩散、挥发、沉淀等；化学和物理化学过程，如氧化、还原、吸附、中和等反应；以及生物和生物化学过程，如微生物对有机物的分解代谢，不同生物群体的相互作用等。这几种过程相互交织在一起，可以使进入水体的污染物质迁移、转化，使水体水质得到改善。

（二）水环境容量

水体所具有的自净能力就是水环境接纳一定量污染物的能力。一定水体所能容纳污染物的最大负荷被称为水环境容量。水环境容量与水体的用途和功能有十分密切的关系。我国地表水环境质量标准中按照水体的用途和功能将水体分为 5 类，每类水体规定有不同的水质目标。显然，水体的功能越强，对其要求的水质目标也就越高，其水环境容量必将减小。反之，当对水质目标要求不甚严格时，水环境容量可能会大一些。

当然，水体本身的特性，如河宽、河深、流量、流速以及天然水质、水文特征等，对水环境容量的影响很大。污染物的特性，包括扩散性、降解性也都影响水环境容量。一般来说，污染物的物理化学性质越稳定，其环境容量越小；耗氧性有机物的水环境容量比难降解有机物的水环境容量大得多；而重金属污染物的水环境容量则甚微。水体对某种污染物质的水环境容量可用式（9-1）表示

$$W = V(C_S - C_B) + C \tag{9-1}$$

式中 W——某地面水体对污染物的水环境容量，g；

V——该地面水体的体积，m^3；

C_S——地表水中某污染物的环境标准，mg/L；

C_B——地表水中某污染物的环境背景值，mg/L；

C——地表水对污染物的自净能力，g。

第四节 水 土 保 持

一、水土流失概述

(一)水土流失的概念及成因分析

水土流失是指在水力、风力、重力等外营力作用下，山丘区及风沙区水土资源和土地生产力的破坏和损失。

水土流失按侵蚀营力的不同，可以分为水力侵蚀、风力侵蚀、融冻侵蚀、重力侵蚀和泥石流五种类型。其中，水蚀主要分布在山区、丘陵区；风蚀主要分布在长城以北，其次在黄泛平原沙土区与滨海地带；融冻侵蚀主要分布在高寒山区；重力侵蚀主要形成于广大山丘区的山体自然崩塌泻溜；泥石流多发生于山区，我国西南地区是泥石流的多发区。我国水土流失以水蚀和风蚀为主，其中水蚀最为严重，主要分布在西北黄土高原、西南云贵高原、北方土石山区、南方丘陵山区和东北黑土地区等五大水土流失区。我国的水蚀地区，又是我国的主要贫困区和经济不发达地区，大多处于干旱半干旱地区，生态环境脆弱，有3亿多人口，约占全国总人口的1/3。因此，水土流失常常与贫困交织在一起，互为因果。据统计，全国271个贫困县，水土流失区就有235个县，占87%。

从地类分布来看，产生水土流失的土地主要有三种：一是坡耕地，山区、丘陵区的耕地50%～90%分布在坡地上；二是荒山荒坡，山丘区的荒山荒坡一般坡度较陡，大部分用作放牧，如果滥垦和过度放牧，水土流失更加严重；三是沟壑，黄河流域黄土高原地区有沟壑14.4万条，这些沟壑都是水力侵蚀和重力侵蚀最严重的地区。

水土流失从成因上分析，主要是自然因素和人为因素两个方面。自然因素主要包括地形、气候、土壤和植被。这些因素经过复杂组合，同时处于不利状态，如陡坡、暴雨、土松和无植被覆盖等，就会产生严重的水土流失。但只要其中任何一个因素处于有利状态，水土流失就会有所控制或者比较轻微。人为因素主要是人类社会不合理的生产建设活动，破坏了地面植被和地貌所造成的水土流失，例如，陡坡开荒、超载放牧、乱砍滥伐，破坏森林和植被；开矿、修路、采石等生产建设，破坏地表后不加保护，又随意乱倒废土、弃石、矿渣等。自然因素所造成的水土流失是一种自然的客观因素，虽然人类目前还难以控制自然，但可以探索它的规律，通过各种措施来减缓自然的侵蚀作用，最大限度地缩小其危害的后果；人类不合理的社会经济活动加剧水土流失本来是可以防治的，但是由于没有坚持按照《中华人民共和国水土保持法》办事，所以人为水土流失问题十分严重，已成为当前防治水土流失的重点。

(二)水土流失的危害及我国水土流失的现状

我国是世界上水土流失最为严重的国家之一。具体危害如下。

1. 破坏土地资源，蚕食农田

土壤是人类赖以生存的物质基础，是环境的基本要素，是农业生产的最基本资源。常年水土流失使有限的土地资源遭受严重的破坏，土壤再生的历程很漫长，土壤流失的速度比土壤形成的速度快 120～400 倍。据初步估计，由于水土流失，近 50 年来，我国因水土流失毁掉耕地达 4000 多万亩。因水土流失造成的退化、沙化、碱化草地约占中国草原总面积的 50%。

2. 破坏生态，加剧干旱发展

由于水土流失，使坡耕地成为跑水、跑土、跑肥的"三跑田"，致使土地日益贫瘠，而且土壤侵蚀造成的土质恶化，土壤透水性、持水力的下降，加剧了干旱的发展，严重降低了农业生产力。据观测，黄土高原多年平均每年流失的 16 亿 t 泥沙中含有氮、磷、钾总量约 4000 万 t，东北地区因水土流失的氮、磷、钾总量约 317 万吨。资料表明，全国多年平均受旱面积约 2000 万 hm^2，成灾面积约 700 万 hm^2，成灾率达 35%。

3. 泥沙淤积河床，洪涝灾害加剧

水土流失使大量泥沙下泄，淤积下游河道，削弱行洪能力，一旦上游来洪量增大，常引起洪涝灾害。近几十年来，长江、松花江、嫩江、黄河、珠江、淮河等发生的洪涝灾害，造成巨大的国家和人民财产损失。这都与水土流失使河床淤高有非常重要的关系。又如黄河年均约 4 亿 t 泥沙淤积下游河床，使河床每年抬高 8～10cm，形成著名的"地上悬河"，增加了防洪的难度。

4. 泥沙淤积水库湖泊，降低其综合利用功能

水土流失不仅使洪涝灾害频繁，而且产生的泥沙大量淤积水库、湖泊，严重威胁到水利设施工程效益的发挥。初步估计，全国各地由于水土流失而损失的水库库容累计达 200 亿 m^3 以上，按每立方米库容 0.5 元计，直接经济损失约 100 亿元；而由于水量减少造成的灌溉面积、发电量的损失以及库周生态环境的恶化，更是难以估计。

5. 影响航运，破坏交通安全

由于水土流失造成河道、港口的淤积，致使航运里程和泊船吨位急剧降低，而且每年汛期由于水土流失形成的山体塌方、泥石流等造成交通中断，在全国各地时有发生。据统计，1949 年全国内河航运里程为 15.77 万 km，到 1985 年，减少为 10.93 万 km，到 1990 年，减少为 7 万 km，已经严重影响着内河航运事业的发展。

6. 水土流失与贫困恶性循环同步发展

我国大部分地区的水土流失是由陡坡开荒、破坏植被造成的，且逐渐形成了"越垦越穷，越穷越垦"的恶性循环，生态恶化增加了贫困地区群众脱贫的难度。我国 90% 以上的贫困人口生活在水土流失严重地区。这种情况是历史上遗留下来的。而新中国成立以后，人口增加更快，情况更为严重，这种情况如不及时扭转，后果不堪设想。

（三）我国水土流失特点

（1）分布范围广，面积大。我国水土流失面积约为 356 万 km^2，占国土面积的 37%。水土流失不仅存在于山区、丘陵区，随着社会、经济的不断发展，基础设施和

城镇建设规模的不断扩大，城市和平原区的水土流失也日趋严重。

（2）侵蚀形式多样，类型复杂。水力侵蚀、风力侵蚀、冻融侵蚀及滑坡、泥石流等重力侵蚀特点各异，相互交错，成因复杂。如西北黄土高原区、东北黑土漫岗区、南方红壤丘陵区、北方土石山区、南方石质山区以水力侵蚀为主，伴随有大量的重力侵蚀；青藏高原以冻融侵蚀为主；西部干旱地区风沙区和草原区风蚀非常严重；西北半干旱农牧交错带则为风蚀水蚀共同作用区。

（3）土壤流失严重。据统计，我国每年流失的土壤总量达 50 亿 t。长江流域年均土壤流失总量 24 亿 t，其中上游地区达 15.6 亿 t，黄河流域黄土高原区每年进入黄河的泥沙多达 16 亿 t。

（四）水土流失治理的原则

（1）因地制宜，因害设防，综合治理开发。

（2）防治结合。

（3）突击重点。

（4）治理开发一体化。

（5）规模化治理，区域化布局。

（6）治管结合。

二、水土保持概述

（一）水土保持的概念

水土保持是指防治水土流失，保护、改良与合理利用水土资源、维护和提高土地生产力，以利于充分发挥水土资源的生态效益、经济效益和社会效益，建立良好生态环境的事业。水土保持的对象不只是土地资源，还包括水资源。保持的内涵不只是保护，而且包括改良与合理利用。不能把水土保持理解为土壤保持，土壤保护更不能将其等同于土壤侵蚀控制。水土保持是自然资源保养的主体。

（二）水土保持在国民经济中的地位

水和土是人类赖以生存的基本物质，是发展农业生产的重要因素。搞好水土保持，保护和合理利用水土资源，是改变山区、丘陵区、风沙区面貌，治理江河，减少水旱、风沙灾害，建立良好的生态环境，发展农林牧业生产的一项根本措施，是国土整治的一项重要内容，是关系国家民族命运、造福子孙后代的一项基本国策。

1. 水土保持对发展山区、丘陵区和风沙区生产具有重要意义

全国有 70% 以上的土地分布在山区、丘陵区和风沙区，这些地区居住着全国 1/3 的人口、50 多个民族，这里的耕地面积占全国总耕地面积的 1/2 以上，是主要土、杂、药、果、林、牧产品的集中产区。

但是，水土流失严重地影响山区生产的发展，风蚀使得发展风沙区的生产更为复杂。水土流失的后果，使山区、丘陵区和风沙区的农、林、牧业生产很难按照扩大再生产规律发展下去。因此，水土保持是山区发展生产的生命线。

2. 保护国土资源

我国人口众多，耕地尤为宝贵，特别是土地后备资源少，加之土壤的形成是极其缓慢的，据科学家推算，在无人为扰动的正常情况下，形成 1m 厚的土层需要 12000～

40000 年。而在水土流失严重地区，若平均每年流失 1cm，100 年就流失 1m 厚土层，流失的速度比成土速度快 120～400 倍。因此，保护土地免受侵蚀，就是保护人类赖以生存的条件，就是保护人类自己。

3. 水土保持是治理江河一项根本措施

凡是水土流失严重的地区，大量泥沙随水带入河道、水库和湖泊，使河床抬高，过洪减少，水库、湖泊的调蓄能力降低，影响防洪。

4. 搞好水土保持可保护下游安全

水土保持不仅对山区有利，而且对下游平原地区也是十分有利的。山区不发生水土流失或者减少水土流失到最低限度，下游平原地区的农田、村镇和交通、工矿就不易遭到水冲沙压，其危害就大为减少。因此，水土保持不仅是山区生产的生命线，又是河流下游平原地区的安全线。

5. 搞好水土保持可减轻水质污染

随着化肥和农药的大量使用，土壤里残存的有毒化学元素也随之增多，水土流失带走了大量的可溶性的化学成分，使得水质遭到污染。这种污染是属于难以控制的无点源污染，水中有危害的化学元素难以查明来处，它不像一个化工厂那样的点源污染，因此人们对这种无点源的污染未引起应有的重视。搞好了水土保持，可减少污染源，从而有利了保护水质。

三、水土保持工程

水土保持工程可笼统定义为防治水土流失、改善水土环境的各种工程设施。从生产的角度来看，水土保持工程大体可分为流域水沙控制与流域水沙利用两个方面，其中控制显然是第一位的，而控制措施除工程外还包括耕作、生物等多种手段。从国家重点抓的治理片可以看出，工程措施不仅是不可缺少的，而且起骨干作用；不少水土流失严重的地区，无论从地形、土质、气候以及人口密度等方面来看都不同程度地限制了耕作或生物措施的使用。只有首先开展工程治理才有可能改善其水土环境，促进其向良性循环发展。

水土保持工程按其作用可分为治坡工程、治沟工程以及用沙工程。治坡工程以改变坡面形状，防止集中径流，提高坡面稳定性为主要目标，这其中最具有特色的是修筑梯田。治沟工程以拦泥和提高局部侵蚀基准面为主要目标，其中最具特色的是修建拦泥拦沙坝。用沙工程以造田为主要目标，同时包括沟道引洪整治等内容。

四、水土保持的综合效益分析

水土保持综合效益分析是反映水土保持成效的重要手段，对于评价水土保持工程体系，做好水土保持规划中的效益预测，发展小流域经济和水土保持产业化均十分重要。水土保持效益包括减轻自然灾害和促进社会进步两个方面带来的效益。有条件时应进行定量计算，以实物量或货币表示；不能作定量计算的，应根据实际情况作定性描述。

（一）减轻自然灾害的效益

1. 减少江河泥沙，减轻洪涝、滑坡、泥石流灾害

贵州省赫县 1996 年 5 月 23 日遭受暴雨袭击，降雨量达 191mm，开展国家重点

治理的财神河小流域与相邻未治理的兴发沟小流域相比，洪水延时 3h，洪峰流量减少 60%，人员无一伤亡。而兴发沟小流域洪水暴发，冲毁农田房屋，损失 1860 万元，13 人死亡。河北平山县元方小流域地处泥石流多发区，经多年综合治理，建立了完整的防护体系，在 1996 年 8 月上旬一次降水 337mm 暴雨下，治理工程基本完好，灾年获得丰收。

2. 改善生态环境，减轻风沙和干旱危害

水土保持工程项目区内土地资源得到合理开发利用和保护，植被覆盖率显著提高，农业生产条件改善，粮食产量和经济收入增加，人口环境容量增大，人口、资源和环境趋于协调发展。水土保持同时起到了防风固沙、保持水土、调节气候、改良土壤、净化空气的作用。针对风沙的危害，新疆维吾尔地区、甘肃、内蒙古自治区等地开展了较大规模的综合治理工作，取得了显著的成绩，黄色沙滩变绿洲的情形在各地都有不同程度的体现。

（二）促进社会进步的效益

1. 提高土地生产率、改善土地利用结构和农业生产结构

基本农田建设为农业稳产高产创造了条件，水土保持工作成为山区经济发展的生命线。各地还因地制宜地发展了各类品质优良、适销对路的经济林果，建成了一批果品生产基地，形成了新兴的地方支柱产业和经济增长点。

2. 促进群众脱贫致富和提高农村生活水平

许多小流域呈现梯田层层、果满枝头、山清水秀、人富粮丰的新景象，改变了贫困面貌，走上了生态、生产与社会经济良性循环的道路，又如陕西、江西、甘肃一些地区通过造林种草，不仅绿化了荒山，控制了水土流失，还解决了群众的烧柴问题，解决了牲畜的饲草问题，解决了部分用材问题。受到治理区广大干部群众的欢迎，水土保持被誉为"德政工程""富民工程"。

3. 促进社会进步的其他效益

治理后农村三料（燃料、饲料、肥料）状况、人畜饮水状况、文化教育状况、城镇化建设状况、剩余劳力就业状况等改善情况。

课 后 扩 展

思考题

1. 什么是水污染？

2. 不断扩张的城市、过度使用化肥以及各种工厂和生活污水的肆意排污，使得中国的水资源现状不断恶化。请查找近十年给中国老百姓的日常生活和生产造成严重影响的水污染事件，分析事件原因，绘制柱状图统计不同原因所占比例。

3. 水土保持是山区发展的生命线，是国土整治江河治理的根本，是国民经济和社会发展的基础，请查找图文资料，展示我们现在采用的一些水土流失治理措施。

第十章 节 约 用 水

本章学习的内容和意义：我国是一个缺水国家，在日常生活中，我们一拧水龙头，水就源源不断地流出来，可能丝毫感觉不到水的危机。但事实上，我们赖以生存的水，正日益短缺。水并不是取之不尽，用之不竭的，节约用水，我们要从身边的每一件事做起，从生活的点点滴滴做起。

第一节 概 述

10-1 ▶
节约水资源

节约用水是指采用先进的用水技术，降低水的消耗，提高水的重复利用率，实现合理、科学的用水方式。它是用水管理的一项基本政策。淡水资源的匮乏，已经引起一些国家和地区的普遍重视；日益严重的水资源短缺也正在深刻地影响着经济社会的发展，已引起人们的强烈关注。当前水资源缺乏对中国经济社会发展的制约日趋明显，水的问题已经非常严峻地摆在人们面前，是人们必须面对的重大挑战。面对这一现实，人们不得不在解决经济社会发展与水的供求关系两者之间矛盾的时候，改变过去单一的开源的做法，而采取节流、开源、保护并举的综合性措施，来满足经济社会发展对水的需求。因此，节约用水也就成为经济社会发展的客观需要。

努力实现水资源可持续利用，坚持把节约用水放在首位，建设节水型工业、农业和节水型社会，必须进一步加大节水工作力度。为此要：①大力调整产业结构。压缩高耗水产业，发展节水型农业、工业和服务业，特别是水资源短缺的地区和城市不得新建耗水量大的项目。②积极推广节水技术。强化国家节水技术政策和技术标准的执行力度，强制推行节水型用水器具，加快城市供水管网的检修改造，加强灌区节水技术改造，降低损失、漏失率。③切实加强用水管理，实行计划用水和定额管理。超计划、超定额加价收费，严格执行取水许可制度。④积极稳妥地形成水价机制。通过改革，建立一套符合社会主义市场经济要求的水价机制和管理体制，逐步理顺供水价格，促进供水产业化。⑤加强节水工作的领导和管理。实行行政首长负责制，对供水、节水和水污染防治工作负总责，把节水规划纳入地区或城市经济和社会发展总体规划，认真组织实施。

节约用水措施要与取水许可制度和计划用水结合起来，建立资源、供水、节水三者之间相互联系，相互配合，以达到水供求关系的协调平衡，促进水资源的良性循环和可持续利用，并可以充分保证用水户的合法权益，提高用水户的主动权、使命感和安全感。在调整水源工程投资政策的同时，调动各方面的积极因素，多方集资，促进节水工程和新水源工程的实施。

节约用水就是高效率用水，减少水损失和单位产品耗水。对生活用水、工业用水和农业用水都要实行全面节水，量水而行，以水定供，以供定需。同时，要贯彻有偿使用水资源的原则，用水户应按规定交纳水费和水资源费，利用经济杠杆促进合理用水。还应该通过广播、电视、报刊、画廊、展览、宣传画以及中小学教材等多种形式，大力开展宣传教育活动，使广大群众、干部、青少年都了解水、保护水、节约水。节约用水是全民的义务，全社会都来关心水，把建设节水型社会变成全民的自觉行动。

第二节 农 业 节 水

一、我国农业灌溉用水状况

新中国成立以来，我国农田水利建设有了巨大的发展。农田灌溉对保障粮食增长起到了关键性作用，但我国的农田灌溉仍存在很大节水潜力。

（一）用水量过大浪费严重

据调查，我国目前灌溉水利用系数只有 0.5，而一些发达国家如美国、以色列等则可达到 0.8 以上。而粮食作物灌溉水利用效率，即 $1m^3$ 灌溉水能生产的粮食在我国一般低于 1kg，而在一些发达国家则可达 2kg 左右。可见，我国的灌溉水利用率和利用效率都明显偏低，造成了灌溉水资源的大量浪费。

（二）农田水利基础设施条件差

我国农田水利骨干工程大多建于 20 世纪五六十年代，由于勘测、规划、设计仓促，经费不足，配套不全，施工条件简陋，工程质量差，后期又缺乏维修管理，经过几十年的运行，不少工程已超过规定的使用年限。相对于大型灌区的骨干工程，中小型灌区以及农田水利田间工程的现状更令人担忧，导致输水效率低，渗漏损失大。另外财政投入不足、农业用水管理体制不健全等也是造成用水量过高、效率偏低的重要原因。

（三）农业用水比例下降

由于水资源短缺，农业、农村在与工业、城镇的争水中处于十分不利的地位，我国今后在相当长的时期内工业和城镇仍将维持较高的发展速度，由于工业用水的经济效益明显高于农业，因此，农业在与工业争夺用水中，处于不利地位。而由于农业产业结构调整，渔、副、牧业用水量比重将不断增加，种植业灌溉用水量也会日益减少。另外由于过去一些地方不合理的水资源开发利用引起生态环境恶化，为改善和建设生态系统，种植业也将最有可能成为水资源供需矛盾的牺牲品。为此农业水利应主动做好调整用水的准备。

二、发展节水农业

节约用水是解决当前我国水资源紧张的首要途径，也是从根本上缓解水危机的前提和基础。作为第一用水大户的农业，不但用水量大，浪费严重，而且从农业科学用水角度上分析，农业也是节约用水中潜力最大的方向；同时农业中可能的节水量将是最主要的非开采性新水源。因此，改变农业用水观念，实施更高效率的灌溉方式是实现可持续水资源利用的首要举措，大力发展节水农业，也就成为一种必然的选择。

节水农业，说到底就是现代农业，节水灌溉就是科学灌溉。推进节水农业的过程，也就是加快农村水利现代化、促进农业现代化的过程。建立面向市场和资源双重约束的节水型种植业结构，优化各有关生产要素的时空配置，最大限度地挖掘农业自然资源的生产潜力，是持续增进我国农业生产力、保障农民增收、提高农产品竞争力和确保粮食安全的战略选择。

三、节水农业技术

节水农业技术是指通过工程、农业、生物、化学、管理等措施的综合运用，旨在提高水资源利用效率，增强农业生产抗御自然旱灾能力的一项技术体系。

对农作物进行灌溉，不仅包括取水、输水、配水、田间灌水等环节，也包括取水之前的各种规划、研究与决策以及田间灌水后作物水分生理过程。在整个灌溉的过程中都存在着不同程度的水量损耗，因此可以在各环节中通过各种节水技术，以充分挖掘其中的节水潜力。如在拟定取水计划中，要在充分利用降水的前提下，将各种可用于农业生产的水资源合理地加以利用，使取水量减少；在输水过程中，可通过渠道防渗，管道输水等措施，使输水损失降低；在配水过程中，可采用轮灌等措施，使同时工作的渠道最短，流量适当，以减少渗漏、蒸发损失；在灌水过程中，采用各种先进的灌水技术，减少灌水过程中的渗水和漏水损失，并使灌溉水量充分地转化为土壤水；在作物吸收、利用土壤水的过程中，采取工程、农业、生物、化学措施，减少棵间蒸发量；在不引起减产的前提下，也可适当减少植株蒸腾量。上述相应的节水农业技术体系主要包括输水系统节水技术、田间灌溉节水技术、田间农艺节水技术、化学节水技术、管理节水技术等，其中重点是节水灌溉技术。

（一）输水系统节水技术

1. 渠道防渗技术

渠道防渗技术是一项减少渠道输水渗漏损失，提高渠系水利用系数的工程技术措施，是灌溉各环节中节水效益最大的一环。

2. 管道输水灌溉技术

管道输水灌溉技术是以管道代替明渠输水，将灌溉水直接送到田间灌溉作物，以减少水在输送过程中渗漏和蒸发损失的一种工程技术措施。

管道输水灌溉系统一般由取水工程、输配水管网和田间灌水三部分组成。

（二）田间灌溉节水技术

田间灌溉节水技术是指灌溉水流进入农田后，通过采用良好的灌溉方法，最大限度地提高灌溉水利用效率的灌水技术。一般包括改进地面灌水技术，推广喷灌、微灌等新灌水技术，以及抗旱补灌技术等。

（三）田间农艺节水技术

为了充分利用灌到作物根系活动层内的水分所采取的各种耕作栽培技术，称为田间农艺节水技术。其核心是减少无效蒸发，防止地下渗漏，改善作物生理生态条件，提高作物产量和水分利用效率。田间农艺节水技术包括地面覆盖、耕作保墒、合理施肥、以肥调水等。

(四) 化学节水技术

在农业抗旱节水中,化学制剂的作用已越来越引起国内外专家的重视,被认为是一种很有前景的新型节水增产技术,统称之为化学节水技术。目前在农林生产应用中较多的化学制剂有保水剂、抗蒸腾剂、土壤改良剂等,这些化学制剂多属高分子有机物质,其作用基本原理是利用它们对水分的调控机能,增强作物抗旱能力,减少土壤蒸发,抑制叶面蒸腾,达到节水增产,提高水分利用效率。

(五) 管理节水技术

管理节水技术是指根据作物水分生理特性及需水规律进行控制或调配水源,以最大限度地满足作物对水分的需求,实现区域效益最佳的水分调控管理技术。包括农田土壤墒情监测预报、节水灌溉制度制定、灌区量水与输配水调控及水资源政策管理等方面。

第三节 城 市 节 水

一、工业用水

在城市中工业是主要用水部门。水在工业生产中被利用的程度,可以在很大程度上反映城市的用水水平。提高水的重复利用率,是工业节水的最重要措施之一。20世纪 80 年代以后,我国在城市工业用水的节水方面做了大量工作,工业用水的重复利用率提高很快,但工业用水浪费现象仍很严重,水的重复利用率远低于先进国家水平。

工业用水包括冷却用水、工艺用水、锅炉用水、洗涤用水、空调用水等方面,其中冶金、电力、化工等行业的冷却用水占行业总水量的 60%～70%。对冷却水可建立工业内部的循环用水体系,降低总用水量。也可以串联利用冷却水,进行一水多用,即将上一用户排水,做下一用户水源。此方法不仅可以节约水资源,往往还可以使热能利用率得到提高。

充分利用海水资源是工业节水的有效措施。在沿海城市部分产业可利用海水替代淡水资源。青岛市利用海水替代电厂冷却用淡水已有较长的历史,20 世纪 90 年代初期已经有多家化工、食品、纺织等临海工厂利用海水,年海水利用量超过 5 亿 m^3。据有关文献介绍,大连市 1990 年海水利用量已达 5.87 亿 m^3。20 世纪 90 年代初全国有 70 多家临海企业用海水冷却,年海水利用量超过 40 亿 m^3。目前海水利用的应用领域也逐渐拓宽,前景会越来越好。

通过技术改造,用新技术新设备代替耗水高的陈旧生产设施是工业节水的根本性措施。例如冶金工业中采用汽化冷却技术,可节水 80%,电镀、印染、漂洗、食品原料清洗过程中,采用压力喷淋和干洗措施等方法代替传统工艺,一般可节水 20%～40%。在城市建设中,采用透水性地砖,增加市区路面降雨入渗量,减少径流量可减少城市绿化用水,增加雨洪资源利用量,也可以达到节约市政园林绿化用水的目的。

二、城市生活用水

随着我国城市化步伐的加快和人民生活水平的提高,人均生活用水量和生活用水总量都将继续上升。目前，尽管我国居民生活水平还比较低，生活用水量标准也不高，但仍然存在许多浪费现象。而且由于节水观念薄弱、部分给水管线年久失修、节水器具未得到普遍推广应用以及管理松弛等原因，城市生活用水中的浪费现象还比较严重。

城市生活用水节水的一个重要方面是减少无效或低效耗水。如厕所冲水、洗浴用水等。因无效或低效用水量大，我国城市公共建筑、市政用水占城市总用水量的比重远大于发达国家。生活节水的环节很多，首先应在市民中进行节水意义宣传，同时可通过价格手段来调节、控制用水。

在工程上也可采取相应措施。如针对厕所冲洗、洗涤问题可采取专门（中水）管道，利用再生水冲洗，或选用节水型冲水马桶，家庭洗浴用水改盆浴为淋浴；在公共浴池采用具有自动延时关闭功能的控水阀门，或在阀门上装设节流塞。这些都是非常有效的节水措施。

各地节水措施的采取应与地区或城市的地域特点、经济状况、工业结构、工业用水管理水平、设备状况和生产工艺等相适应。目前在全国首先要采取的节水措施是加强用水管理，改革不合理的水价体系，这样，在不增加资金投入的情况下，即可获得明显的节水效果。

10-3
节约用水措施

第四节　其他节水措施

一、污水再生利用

污水经过处理，水质改善后，回收供城镇杂用水。污水再生利用，作为供水水源有保证率高的特点，因为城镇的污水量与用水量之比，一般多为 $80\%\sim90\%$。只要用水，总有相应数量的污水可供回收利用，不受水源丰枯变化的影响。近代水资源和环境保护对污水处理提出了更高的要求，污水处理技术的提高也为污水再生利用创造了条件。环保部门对排放的污水，都根据具体情况，要求进行必要的处理。若用水的水质要求低，污水可不需进一步处理，或只需补充适当的处理，即可利用。而对于用水水质要求高的用途，则应对污水进行深度处理，方可利用。非洲纳米比亚的温得和克已将城市污水处理厂作为城市供水水源之一，美国的南太和湖深度污水处理厂出水的水质已达到饮用水的标准。但这些只是特例或示范，美国环境保护署不主张以再生水作为饮用水。

新加坡作为一个城市岛国，没有腹地，缺乏自然资源，尤其是水资源严重缺乏。新加坡 NEWater 水厂是再生水工程领域内的亚洲典范，NEWater 项目满足了新加坡全国 30% 的用水需求。预计到 2060 年，新加坡计划 NEWater 项目将满足全国 55% 的用水需求。在新加坡每一滴用后水都是新的水资源，新生水主要通过特殊管网直接输送给企业作为非饮用水，一部分注入蓄水池，跟雨水混合后再经过自来水厂净化，作为自来水供应。这样做还有另外一个好处就是，干旱的时候，可以通过提高新生水产量，注入蓄水池，来保持蓄水池的水位。

污水再生利用的途径有 4 个方面：①工业方面。如工业的冷却水需水量大，可长期使用再生污水作为冷却水，如美国伯利亚钢厂和中国北京的首都钢铁公司所需冷却水即为污水再生利用。②农业方面。如污水灌溉和污水养鱼，前者在澳大利亚，后者在泰国，都有污水再生利用的成功经验。中国在这两方面也有较大规模的应用，其水质要符合灌溉、水产养殖的水质标准。③生活方面。缺水地区可用再生污水用于冲厕、绿化、洒水、洗车等低水质要求的用水，日本称这种再用水为中水，这种供水系统称为中水管道。④游乐方面。将污水再生利用于划船、钓鱼、景观等游乐用途的水体，如美国的南太和湖等。

污水再生利用是缓解缺水地区水资源的供需矛盾和保护水源的好办法。中国水资源并不丰富，人均地表水径流量只及世界平均值的 1/4，加上时空分布极不均匀，因此更需要研究污水再生利用的方法。实践中尚有不少技术难题和认识问题有待解决。

二、雨水利用

采用人工措施直接对天然降水进行收集、存储并加以利用。雨水利用包括雨养农业、人畜生活供水以及城市雨水利用等。广义的雨水利用还可扩充到对大气水分的利用，包括露水（大气水凝结）利用。雨水利用的常见方式是直接设置收集雨水的集（截）流面，然后把集流面上的雨水通过集水槽、管收入置于地上或地下的蓄水罐或窖中进行存储，以备利用。利用雨水培育农作物是旱地农业栽培的内容；考虑降水量的农田灌溉属于农田水利的范畴；城市雨水利用涉及城建给、排水工程与水利工程的科技领域。

中国地域辽阔，水资源分布极不均匀，远离河川的广大地区难以依赖河川，而降水在面上降落，覆盖比河川更大的面积，只要设置一定的集雨面积，就可成为局部供水源。展望未来，中国主要有三大缺水地区可望通过雨水利用而受益：①黄土高原；②云贵高原；③分布在 350 万 km^2 海域上的 6600 多座岛屿。

雨水利用方式来自远古，希腊、罗马雨水利用的遗址已证实了其悠久的历史。中国雨水利用亦可追溯到远古，在甘肃董志塬、陕西洛川与渭北塬延续至今的雨水旱井仍然发挥着人畜饮水供应的作用。雨水利用在解决广大偏远地区分散性人畜用水问题中具有广阔的应用前景。

三、海水利用

利用海水为人类的生产、生活服务的技术和过程。在靠近海洋而淡水资源紧缺的地区，可以用海水替代部分淡水在生产、生活中发挥作用，或使海水淡化来取得淡水。它已经成为缓解水资源危机的重要途径之一，并有广阔的应用前景。另外，还有许多海水利用的方式，对人类也有重要的影响。

海水作工业冷却水。在滨海地区有广泛应用，主要作为火（核）电的冷却水。

海水冲厕。滨海缺水城市建立单独的海水管道系统供应居民用海水冲厕，例如中国香港从 20 世纪 50 年代末已经开始应用，海水冲厕与全用淡水比较，可减少居民生活用淡水的 30％～40％。大连、天津等城市也已开始小规模使用。

海水淡化。应用多级闪急蒸馏、反渗透等方法，除去海水中的盐分，取得淡水。在沙特阿拉伯、科威特、阿拉伯联合酋长国等淡水资源极缺的国家有较快发展，海水淡化在中国也已有小规模应用。海水淡化的成本较高，是制约其发展的主要因素，成本与所用工艺、能源价格、生产规模等条件有关。随着科技的进步，成本目前在逐步降低。

其他海水利用。有海水制盐，从海水中提取溴、钾、镁、铀等物质，海水养殖，工业燃煤的海水脱硫，以及潮汐发电等。

四、微咸水利用

在干旱、半干旱和季节性干旱的半湿润地区，淡水资源短缺，利用矿化度为 2～3g/L 的微咸水灌溉，可以抗旱增产，提高经济效益。在中国黄淮海平原部分地区已应用微咸水灌溉小麦、玉米和棉花。

在干旱季节灌溉微咸水后，增加了土壤水分，降低了土壤溶液浓度，有利于作物吸收水分和养分。但利用微咸水灌溉也增加了土壤盐分，必须控制盐分的危害，有几个方面需要注意：①要有排水条件。要使浇咸水而增加的土壤盐分能够经过降雨或淡水灌溉淋洗排出，使根层土壤不发生盐分的积累；②掌握灌溉水质标准。一般 pH 值为 7～8，阳离子中钠离子不超过 60%，阴离子中以硫酸根为主，矿化度不宜超过 5g/L；③掌握不旱不浇的原则，按作物对水分需要适时灌溉；④如有淡水条件应尽量采用咸、淡水灌溉，增加的土壤盐分在下次用淡水灌溉作物时得到淋溶冲洗；⑤咸水与淡水混合灌溉，可以增辟水源，改善水质；⑥加强农业措施。平整土地，增施有机肥，选种耐盐作物。灌后及时中耕锄划，减少蒸发返盐；⑦如利用微咸水灌溉引起根层土壤逐年积盐时，应当停灌。中国北方可开采利用的地下微咸水资源约 130 亿 m³，已开发利用的只是一小部分，还有很大的潜力。应进一步加以开发利用，化害为利，变废为用，对缓解北方的干旱缺水，生态环境的保护，水资源可持续利用，经济社会的可持续发展，具有重大意义。

课 后 扩 展

思考题

1. 什么是中水？

2. 农业节水灌溉技术措施有哪些？

3. 如何在工业方面节约用水？

4. 和海水淡化、跨流域调水相比，再生水具有哪些优势？

5. 海绵城市建设是为了更好地解决内涝问题，采用渗、滞、蓄、净、用、排等措施，力争将城市降雨就地消纳和利用，我们应该怎样建设海绵城市？

附录 1 皮尔逊Ⅲ型曲线的离均系数 Φ_p 值表

C_s \ $p/\%$	0.01	0.1	0.2	0.33	0.5	1	2	5	10	20	50	75	90	95	99	C_s
0.0	3.72	3.09	2.88	2.71	2.58	2.33	2.05	1.64	1.28	0.84	0.00	−0.67	−1.28	−1.64	−2.33	0.0
0.1	3.94	3.23	3.00	2.82	2.67	2.40	2.11	1.67	1.29	0.84	−0.02	−0.68	−1.27	−1.62	−2.25	0.1
0.2	4.16	3.38	3.12	2.92	2.76	2.47	2.16	1.70	1.30	0.83	−0.03	−0.69	−1.26	−1.59	−2.18	0.2
0.3	4.38	3.52	3.24	3.03	2.86	2.54	2.21	1.73	1.31	0.82	−0.05	−0.70	−1.24	−1.55	−2.10	0.3
0.4	4.61	3.67	3.36	3.14	2.95	2.62	2.26	1.75	1.32	0.82	−0.07	−0.71	−1.23	−1.52	−2.03	0.4
0.5	4.83	3.81	3.48	3.25	3.04	2.68	2.31	1.77	1.32	0.81	−0.08	−0.71	−1.22	−1.49	−1.96	0.5
0.6	5.05	3.96	3.60	3.35	3.13	2.75	2.35	1.80	1.33	0.80	−0.10	−0.72	−1.20	−1.45	−1.88	0.6
0.7	5.28	4.10	3.72	3.45	3.22	2.82	2.40	1.82	1.33	0.79	−0.12	−0.72	−1.18	−1.42	−1.81	0.7
0.8	5.50	4.24	3.85	3.55	3.31	2.89	2.45	1.84	1.34	0.78	−0.13	−0.73	−1.17	−1.38	−1.74	0.8
0.9	5.73	4.39	3.97	3.65	3.40	2.96	2.50	1.86	1.34	0.77	−0.15	−0.73	−1.15	−1.35	−1.66	0.9
1.0	5.96	4.53	4.09	3.76	3.49	3.02	2.54	1.88	1.34	0.76	−0.16	−0.73	−1.13	−1.32	−1.59	1.0
1.1	6.18	4.67	4.20	3.86	3.58	3.09	2.58	1.89	1.34	0.74	−0.18	−0.74	−1.10	−1.28	−1.52	1.1
1.2	6.41	4.81	4.32	3.95	3.66	3.15	2.62	1.91	1.34	0.73	−0.19	−0.74	−1.08	−1.24	−1.45	1.2
1.3	6.64	4.95	4.44	4.05	3.74	3.21	2.67	1.92	1.34	0.72	−0.21	−0.74	−1.06	−1.20	−1.38	1.3
1.4	6.87	5.09	4.56	4.15	3.83	3.27	2.71	1.94	1.33	0.71	−0.22	−0.73	−1.04	−1.17	−1.32	1.4
1.5	7.09	5.23	4.68	4.24	3.91	3.33	2.74	1.95	1.33	0.69	−0.24	−0.73	−1.02	−1.13	−1.26	1.5
1.6	7.31	5.37	4.80	4.34	3.99	3.39	2.78	1.96	1.33	0.68	−0.25	−0.73	−0.99	−1.10	−1.20	1.6
1.7	7.54	5.50	4.91	4.43	4.07	3.44	2.82	1.97	1.32	0.68	−0.27	−0.72	−0.97	−1.06	−1.14	1.7

附录1 皮尔逊Ⅲ型曲线的离均系数 Φ_p 值表

C_s \ p/%	99	95	90	75	50	20	10	5	2	1	0.5	0.33	0.2	0.1	0.01
1.8	−1.09	−1.02	−0.94	−0.72	−0.28	0.64	1.32	1.98	2.85	3.50	4.15	4.52	5.01	5.64	7.76
1.9	−1.04	−0.98	−0.92	−0.72	−0.29	0.63	1.31	1.99	2.88	3.55	4.23	4.61	5.12	5.77	7.98
2.0	−0.989	−0.949	−0.895	−0.71	−0.31	0.61	1.30	2.00	2.91	3.61	4.30	4.70	5.22	5.91	8.21
2.1	−0.945	−0.914	−0.869	−0.71	−0.32	0.59	1.29	2.00	2.93	3.66	4.37	4.79	5.33	6.04	8.43
2.2	−0.905	−0.879	−0.844	−0.70	−0.33	0.57	1.28	2.00	2.96	3.71	4.44	4.88	5.43	6.17	8.65
2.3	−0.867	−0.849	−0.820	−0.69	−0.34	0.55	1.27	2.00	2.99	3.76	4.51	4.97	5.53	6.30	8.87
2.4	−0.831	−0.820	−0.795	−0.68	−0.35	0.54	1.26	2.01	3.02	3.81	4.58	5.05	5.63	6.42	9.08
2.5	−0.800	−0.791	−0.772	−0.67	−0.36	0.52	1.25	2.01	3.04	3.85	4.65	5.13	5.73	6.55	9.30
2.6	−0.769	−0.764	−0.748	−0.66	−0.37	0.50	1.23	2.01	3.06	3.89	4.72	5.20	5.82	6.67	9.51
2.7	−0.740	−0.736	−0.726	−0.65	−0.37	0.48	1.22	2.01	3.09	3.93	4.78	5.28	5.92	6.79	9.72
2.8	−0.714	−0.710	−0.702	−0.64	−0.38	0.46	1.21	2.01	3.11	3.97	4.84	5.36	6.01	6.91	9.93
2.9	−0.690	−0.687	−0.680	−0.63	−0.39	0.44	1.20	2.01	3.13	4.01	4.90	5.44	6.10	7.03	10.14
3.0	−0.667	−0.665	−0.658	−0.62	−0.39	0.42	1.18	2.00	3.15	4.05	4.96	5.51	6.20	7.15	10.35
3.1	−0.645	−0.644	−0.639	−0.60	−0.40	0.40	1.16	2.00	3.17	4.08	5.02	5.59	6.30	7.26	10.56
3.2	−0.625	−0.624	−0.621	−0.59	−0.40	0.38	1.14	2.00	3.19	4.12	5.08	5.66	6.39	7.38	10.77
3.3	−0.606	−0.606	−0.604	−0.58	−0.40	0.36	1.12	2.00	3.21	4.15	5.14	5.74	6.48	7.49	10.97
3.4	−0.588	−0.588	−0.587	−0.57	−0.41	0.34	1.11	1.99	3.22	4.18	5.20	5.80	6.56	7.60	11.17
3.5	−0.571	−0.571	−0.570	−0.55	−0.41	0.32	1.09	1.98	3.23	4.22	5.25	5.86	6.65	7.72	11.37
3.6	−0.556	−0.556	−0.555	−0.54	−0.41	0.30	1.08	1.97	3.24	4.25	5.30	5.93	6.73	7.83	11.57
3.7	−0.541	−0.541	−0.540	−0.53	−0.42	0.28	1.06	1.96	3.25	4.28	5.35	5.99	6.81	7.94	11.77
3.8	−0.526	−0.526	−0.526	−0.52	−0.42	0.26	1.04	1.95	3.26	4.31	5.40	6.05	6.89	8.05	11.97
3.9	−0.513	−0.513	−0.513	−0.506	−0.41	0.24	1.02	1.94	3.27	4.34	5.45	6.11	6.97	8.15	12.16
4.0	−0.500	−0.500	−0.500	−0.495	−0.41	0.23	1.00	1.92	3.27	4.37	5.50	6.18	7.05	8.25	12.36

续表

C_s＼$p/\%$	99	95	90	75	50	20	10	5	2	1	0.5	0.33	0.2	0.1	0.01
4.1	−0.488	−0.488	−0.488	−0.484	−0.41	0.21	0.98	1.91	3.28	4.39	5.54	6.24	7.13	8.35	12.55
4.2	−0.476	−0.476	−0.476	−0.473	−0.41	0.19	0.96	1.90	3.29	4.41	5.59	6.30	7.21	8.45	12.74
4.3	−0.465	−0.465	−0.465	−0.462	−0.41	0.17	0.94	1.88	3.29	4.44	5.63	6.36	7.29	8.55	12.93
4.4	−0.455	−0.455	−0.455	−0.453	−0.40	0.16	0.92	1.87	3.30	4.46	5.68	6.41	7.36	8.65	13.12
4.5	−0.444	−0.444	−0.444	−0.444	−0.40	0.14	0.90	1.85	3.30	4.48	5.72	6.46	7.43	8.75	13.30
4.6	−0.435	−0.435	−0.435	−0.435	−0.40	0.13	0.88	1.84	3.30	4.50	5.76	6.52	7.50	8.85	13.49
4.7	−0.426	−0.426	−0.426	−0.426	−0.39	0.11	0.86	1.82	3.30	4.52	5.80	6.57	7.57	8.95	13.67
4.8	−0.417	−0.417	−0.417	−0.417	−0.39	0.09	0.84	1.80	3.30	4.54	5.84	6.63	7.64	9.04	13.85
4.9	−0.408	−0.408	−0.408	−0.408	−0.38	0.08	0.82	1.78	3.30	4.55	5.88	6.68	7.70	9.13	14.04
5.0	−0.400	−0.400	−0.400	−0.400	−0.379	0.06	0.80	1.77	3.30	4.57	5.92	6.73	7.77	9.22	14.22
5.1	−0.392	−0.392	−0.392	−0.392	−0.374	0.05	0.78	1.75	3.30	4.58	5.95	6.78	7.84	9.31	14.40
5.2	−0.385	−0.385	−0.385	−0.385	−0.369	0.03	0.76	1.73	3.30	4.59	5.99	6.83	7.90	9.40	14.57
5.3	−0.377	−0.377	−0.377	−0.377	−0.363	0.02	0.74	1.72	3.30	4.60	6.02	6.87	7.96	9.49	14.75
5.4	−0.370	−0.370	−0.370	−0.370	−0.358	0.00	0.72	1.70	3.29	4.62	6.05	6.91	8.02	9.57	14.92
5.5	−0.364	−0.364	−0.364	−0.364	−0.353	−0.01	0.70	1.68	3.28	4.63	6.08	6.96	8.08	9.66	15.10
5.6	−0.357	−0.357	−0.357	−0.357	−0.349	−0.03	0.67	1.66	3.28	4.64	6.11	7.00	8.14	9.71	15.27
5.7	−0.351	−0.351	−0.351	−0.351	−0.344	−0.04	0.65	1.65	3.27	4.65	6.14	7.04	8.21	9.82	15.45
5.8	−0.345	−0.345	−0.345	−0.345	−0.339	−0.05	0.63	1.63	3.27	4.67	6.17	7.08	8.27	9.91	15.62
5.9	−0.339	−0.339	−0.339	−0.339	−0.334	−0.06	0.61	1.61	3.26	4.68	6.20	7.12	8.32	9.99	15.78
6.0	−0.333	−0.333	−0.333	−0.333	−0.329	−0.07	0.59	1.59	3.25	4.68	6.23	7.15	8.38	10.07	15.94
6.1	−0.328	−0.328	−0.328	−0.328	−0.325	−0.08	0.57	1.57	3.24	4.69	6.26	7.19	8.43	10.15	16.11
6.2	−0.323	−0.323	−0.323	−0.323	−0.320	−0.09	0.55	1.55	3.23	4.70	6.28	7.23	8.49	10.22	16.28
6.3	−0.317	−0.317	−0.317	−0.317	−0.315	−0.10	0.53	1.53	3.22	4.70	6.30	7.26	8.54	10.30	16.45
6.4	−0.313	−0.313	−0.313	−0.313	−0.311	−0.11	0.51	1.51	3.21	4.71	6.32	7.30	8.60	10.38	16.61

附录 2 皮尔逊Ⅲ型曲线模比系数 K_p 值表

(1) $C_s = C_v$

C_v \\ C_s \\ $p/\%$	99	95	90	75	50	20	10	5	2	1	0.5	0.33	0.2	0.1	0.01
0.05	0.89	0.92	0.94	0.97	1.00	1.04	1.07	1.09	1.11	1.12	1.13	1.14	1.15	1.16	1.19
0.10	0.78	0.84	0.87	0.93	1.00	1.08	1.13	1.17	1.21	1.24	1.27	1.28	1.30	1.32	1.39
0.15	0.67	0.77	0.81	0.90	1.00	1.13	1.20	1.26	1.32	1.37	1.41	1.43	1.46	1.50	1.61
0.20	0.56	0.68	0.75	0.86	0.99	1.17	1.26	1.34	1.43	1.49	1.55	1.58	1.62	1.68	1.83
0.25	0.47	0.61	0.69	0.83	0.99	1.21	1.33	1.43	1.55	1.63	1.70	1.74	1.80	1.86	2.07
0.30	0.37	0.54	0.63	0.79	0.98	1.25	1.39	1.52	1.66	1.76	1.86	1.91	1.97	2.06	2.31
0.35	0.28	0.47	0.57	0.76	0.98	1.29	1.46	1.61	1.78	1.91	2.02	2.08	2.16	2.26	2.57
0.40	0.19	0.39	0.51	0.72	0.97	1.33	1.53	1.70	1.90	2.05	2.18	2.26	2.34	2.47	2.84
0.45	0.10	0.33	0.45	0.69	0.97	1.37	1.60	1.79	2.03	2.19	2.35	2.44	2.54	2.69	3.13
0.50	0.02	0.26	0.39	0.65	0.96	1.40	1.66	1.89	2.16	2.34	2.52	2.63	2.74	2.91	3.42
0.55	-0.06	0.20	0.34	0.61	0.95	1.44	1.73	1.98	2.29	2.49	2.70	2.82	2.95	3.14	3.72
0.60	-0.13	0.13	0.28	0.57	0.94	1.48	1.80	2.08	2.41	2.65	2.88	3.01	3.16	3.38	4.03
0.65	-0.20	0.07	0.23	0.53	0.93	1.52	1.87	2.18	2.55	2.81	3.07	3.21	3.38	3.62	4.36
0.70	-0.27	0.01	0.17	0.50	0.92	1.55	1.93	2.27	2.68	2.97	3.25	3.42	3.60	3.87	4.70
0.75	-0.33	-0.05	0.12	0.46	0.91	1.59	2.00	2.37	2.82	3.14	3.45	3.63	3.84	4.13	5.05
0.80	-0.39	-0.10	0.06	0.42	0.90	1.62	2.07	2.47	2.96	3.31	3.65	3.84	4.08	4.39	5.40
0.85	-0.44	-0.16	0.01	0.37	0.88	1.66	2.14	2.57	3.11	3.49	3.86	4.07	4.33	4.67	5.78
0.90	-0.49	-0.22	-0.04	0.34	0.86	1.69	2.21	2.67	3.25	3.66	4.06	4.29	4.57	4.95	6.16
0.95	-0.55	-0.27	-0.09	0.31	0.85	1.73	2.28	2.78	3.40	3.84	4.28	4.53	4.83	5.24	6.56
1.00	-0.59	-0.32	-0.13	0.27	0.84	1.76	2.34	2.88	3.54	4.02	4.49	4.76	5.09	5.53	6.96

续表

(2) $C_s = 2C_v$

C_v	C_s	\\ $p/\%$ →　0.01	0.1	0.2	0.33	0.5	1	2	5	10	20	50	75	90	95	99
0.05	0.10	1.20	1.16	1.15	1.14	1.13	1.12	1.11	1.08	1.06	1.04	1.00	0.97	0.94	0.92	0.89
0.10	0.20	1.42	1.34	1.31	1.29	1.27	1.25	1.21	1.17	1.13	1.08	1.00	0.93	0.87	0.84	0.78
0.15	0.30	1.67	1.54	1.48	1.46	1.43	1.38	1.33	1.26	1.20	1.12	0.99	0.90	0.81	0.77	0.69
0.20	0.40	1.92	1.73	1.67	1.63	1.59	1.52	1.45	1.35	1.26	1.16	0.99	0.86	0.75	0.70	0.59
0.22	0.44	2.04	1.82	1.75	1.70	1.66	1.58	1.50	1.39	1.29	1.18	0.98	0.84	0.73	0.67	0.56
0.24	0.48	2.16	1.91	1.83	1.77	1.73	1.64	1.55	1.43	1.32	1.19	0.98	0.83	0.71	0.64	0.53
0.25	0.50	2.22	1.96	1.87	1.81	1.77	1.67	1.58	1.45	1.33	1.20	0.98	0.82	0.70	0.63	0.52
0.26	0.52	2.28	2.01	1.91	1.85	1.80	1.70	1.60	1.46	1.34	1.21	0.98	0.82	0.69	0.62	0.50
0.28	0.56	2.40	2.10	2.00	1.93	1.87	1.76	1.66	1.50	1.37	1.22	0.97	0.79	0.66	0.59	0.47
0.30	0.60	2.52	2.19	2.08	2.01	1.94	1.83	1.71	1.54	1.40	1.24	0.97	0.78	0.64	0.56	0.44
0.35	0.70	2.86	2.44	2.31	2.22	2.13	2.00	1.84	1.64	1.47	1.28	0.96	0.75	0.59	0.51	0.37
0.40	0.80	3.20	2.70	2.54	2.42	2.32	2.16	1.98	1.74	1.54	1.31	0.95	0.71	0.53	0.45	0.30
0.45	0.90	3.59	2.98	2.80	2.65	2.53	2.33	2.13	1.84	1.60	1.35	0.93	0.67	0.48	0.40	0.26
0.50	1.00	3.98	3.27	3.05	2.88	2.74	2.51	2.27	1.94	1.67	1.38	0.92	0.64	0.44	0.34	0.21
0.55	1.10	4.42	3.58	3.32	3.12	2.97	2.70	2.42	2.04	1.74	1.41	0.90	0.59	0.40	0.30	0.16
0.60	1.20	4.85	3.89	3.59	3.37	3.20	2.89	2.57	2.15	1.80	1.44	0.89	0.56	0.35	0.26	0.13
0.65	1.30	5.33	4.22	3.89	3.64	3.44	3.09	2.74	2.25	1.87	1.47	0.87	0.52	0.31	0.22	0.10
0.70	1.40	5.81	4.56	4.19	3.91	3.68	3.29	2.90	2.36	1.94	1.50	0.85	0.49	0.27	0.18	0.08
0.75	1.50	6.33	4.93	4.52	4.19	3.93	3.50	3.06	2.46	2.00	1.52	0.82	0.45	0.24	0.15	0.06
0.80	1.60	6.85	5.30	4.84	4.47	4.19	3.71	3.22	2.57	2.06	1.54	0.80	0.42	0.21	0.12	0.04
0.90	1.80	7.98	6.08	5.51	5.07	4.74	4.15	3.56	2.78	2.19	1.58	0.75	0.35	0.15	0.08	0.02

续表

(3) $C_s = 3C_v$

C_v \ $p/\%$	0.01	0.1	0.2	0.33	0.5	1	2	5	10	20	50	75	90	95	99	C_s
0.20	2.02	1.79	1.72	1.67	1.63	1.55	1.47	1.36	1.27	1.16	0.98	0.86	0.76	0.71	0.62	0.60
0.25	2.35	2.05	1.95	1.88	1.82	1.72	1.61	1.46	1.34	1.20	0.97	0.82	0.71	0.65	0.56	0.75
0.30	2.72	2.32	2.19	2.10	2.02	1.89	1.75	1.56	1.40	1.23	0.96	0.78	0.66	0.60	0.50	0.90
0.35	3.12	2.61	2.46	2.33	2.24	2.07	1.90	1.66	1.47	1.26	0.94	0.74	0.61	0.55	0.46	1.05
0.40	3.56	2.92	2.73	2.58	2.46	2.26	2.05	1.76	1.54	1.29	0.92	0.70	0.57	0.50	0.42	1.20
0.42	3.75	3.06	2.85	2.69	2.56	2.34	2.11	1.81	1.56	1.31	0.91	0.69	0.55	0.49	0.41	1.26
0.44	3.94	3.19	2.97	2.80	2.65	2.42	2.17	1.85	1.59	1.32	0.91	0.67	0.54	0.47	0.40	1.32
0.45	4.04	3.26	3.03	2.85	2.70	2.46	2.21	1.87	1.60	1.32	0.90	0.67	0.53	0.47	0.39	1.35
0.46	4.14	3.33	3.09	2.90	2.75	2.50	2.24	1.89	1.61	1.33	0.90	0.66	0.52	0.46	0.39	1.38
0.48	4.34	3.47	3.21	3.01	2.85	2.58	2.31	1.93	1.65	1.34	0.89	0.65	0.51	0.45	0.38	1.44
0.50	4.55	3.62	3.34	3.12	2.96	2.67	2.37	1.98	1.67	1.35	0.88	0.64	0.49	0.44	0.37	1.50
0.52	4.76	3.76	3.46	3.24	3.06	2.75	2.44	2.02	1.69	1.36	0.87	0.62	0.48	0.42	0.36	1.56
0.54	4.98	3.91	3.60	3.36	3.16	2.84	2.51	2.06	1.72	1.36	0.86	0.61	0.47	0.41	0.36	1.62
0.55	5.09	3.99	3.66	3.42	3.21	2.88	2.54	2.08	1.73	1.36	0.86	0.60	0.46	0.41	0.36	1.65
0.56	5.20	4.07	3.73	3.48	3.27	2.93	2.57	2.10	1.74	1.37	0.85	0.59	0.46	0.40	0.35	1.68
0.58	5.43	4.23	3.86	3.59	3.38	3.01	2.64	2.14	1.77	1.38	0.84	0.58	0.45	0.40	0.35	1.74
0.60	5.66	4.38	4.01	3.71	3.49	3.10	2.71	2.19	1.79	1.38	0.83	0.57	0.44	0.39	0.35	1.80
0.65	6.26	4.81	4.36	4.03	3.77	3.33	2.88	2.29	1.85	1.40	0.80	0.53	0.41	0.37	0.34	1.95
0.70	6.90	5.23	4.73	4.35	4.06	3.56	3.05	2.40	1.90	1.41	0.78	0.50	0.39	0.36	0.34	2.10
0.75	7.57	5.68	5.12	4.69	4.36	3.80	3.24	2.50	1.96	1.42	0.76	0.48	0.38	0.35	0.34	2.25
0.80	8.26	6.14	5.50	5.04	4.66	4.05	3.42	2.61	2.01	1.43	0.72	0.46	0.36	0.34	0.34	2.40

续表

(4) $C_s = 3.5C_v$

C_v \ $p/\%$	0.01	0.1	0.2	0.33	0.5	1	2	5	10	20	50	75	90	95	99	C_s
0.20	2.06	1.82	1.74	1.69	1.64	1.56	1.48	1.36	1.27	1.16	0.98	0.86	0.76	0.72	0.64	0.70
0.25	2.42	2.09	1.99	1.91	1.85	1.74	1.62	1.46	1.34	1.19	0.96	0.82	0.71	0.66	0.58	0.88
0.30	2.82	2.38	2.24	2.14	2.06	1.92	1.77	1.57	1.40	1.22	0.95	0.78	0.67	0.61	0.53	1.05
0.35	3.26	2.70	2.52	2.39	2.29	2.11	1.92	1.67	1.47	1.26	0.93	0.74	0.62	0.57	0.50	1.22
0.40	3.75	3.04	2.82	2.66	2.53	2.31	2.08	1.78	1.53	1.28	0.91	0.71	0.58	0.53	0.47	1.40
0.42	3.95	3.18	2.95	2.77	2.63	2.39	2.15	1.82	1.56	1.29	0.90	0.69	0.57	0.52	0.46	1.47
0.44	4.16	3.33	3.08	2.88	2.73	2.48	2.21	1.86	1.59	1.30	0.89	0.68	0.56	0.51	0.46	1.54
0.45	4.27	3.40	3.14	2.94	2.79	2.52	2.25	1.88	1.60	1.31	0.89	0.67	0.55	0.50	0.45	1.58
0.46	4.37	3.48	3.21	3.00	2.84	2.56	2.28	1.90	1.61	1.31	0.88	0.66	0.54	0.50	0.45	1.61
0.48	4.60	3.63	3.35	3.12	2.94	2.65	2.35	1.95	1.64	1.32	0.87	0.65	0.53	0.49	0.45	1.68
0.50	4.82	3.78	3.48	3.24	3.06	2.74	2.42	1.99	1.66	1.32	0.86	0.64	0.52	0.48	0.44	1.75
0.52	5.06	3.95	3.62	3.36	3.16	2.83	2.48	2.03	1.69	1.33	0.85	0.63	0.51	0.47	0.44	1.82
0.54	5.30	4.11	3.76	3.48	3.28	2.91	2.55	2.07	1.71	1.34	0.84	0.61	0.50	0.47	0.44	1.89
0.55	5.41	4.20	3.83	3.55	3.34	2.96	2.58	2.10	1.72	1.34	0.84	0.60	0.50	0.46	0.44	1.92
0.56	5.55	4.28	3.91	3.61	3.39	3.01	2.62	2.12	1.73	1.35	0.83	0.60	0.49	0.46	0.43	1.96
0.58	5.80	4.45	4.05	3.74	3.51	3.10	2.69	2.16	1.75	1.35	0.82	0.58	0.48	0.46	0.43	2.03
0.60	6.06	4.62	4.20	3.87	3.62	3.20	2.76	2.20	1.77	1.36	0.81	0.57	0.48	0.45	0.43	2.10
0.65	6.73	5.08	4.58	4.22	3.92	3.44	2.94	2.30	1.83	1.36	0.78	0.55	0.46	0.44	0.43	2.28
0.70	7.43	5.54	4.98	4.56	4.23	3.68	3.12	2.41	1.88	1.37	0.75	0.53	0.45	0.44	0.43	2.45
0.75	8.16	6.02	5.38	4.92	4.55	3.92	3.30	2.51	1.92	1.37	0.72	0.50	0.44	0.43	0.43	2.62
0.80	8.94	6.53	5.81	5.29	4.87	4.18	3.49	2.61	1.97	1.37	0.70	0.49	0.44	0.43	0.43	2.80

续表

(5) $C_s = 4C_v$

C_v \ $p/\%$	0.01	0.1	0.2	0.33	0.5	1	2	5	10	20	50	75	90	95	99	C_s
0.20	2.10	1.85	1.77	1.71	1.66	0.58	1.49	1.37	1.27	1.16	0.97	0.85	0.77	0.72	0.65	0.80
0.25	2.49	2.13	2.02	1.94	1.87	1.76	1.64	1.47	1.34	1.19	0.96	0.82	0.72	0.67	0.60	1.00
0.30	2.92	2.44	2.30	2.18	2.10	1.94	1.79	1.57	1.40	1.22	0.94	0.78	0.68	0.63	0.56	1.20
0.35	3.40	2.78	2.60	2.45	2.34	2.14	1.95	1.68	1.47	1.25	0.92	0.74	0.64	0.59	0.54	1.40
0.40	3.92	3.15	2.92	2.74	2.60	2.36	2.11	1.78	1.53	1.27	0.90	0.71	0.60	0.56	0.52	1.60
0.42	4.15	3.30	3.05	2.86	2.70	2.44	2.18	1.83	1.56	1.28	0.89	0.70	0.59	0.55	0.52	1.68
0.44	4.38	3.46	3.19	2.98	2.81	2.53	2.25	1.87	1.58	1.29	0.88	0.68	0.58	0.55	0.51	1.76
0.45	4.49	3.54	3.25	3.03	2.87	2.58	2.28	1.89	1.59	1.29	0.87	0.68	0.58	0.54	0.51	1.80
0.46	4.62	3.62	3.32	3.10	2.92	2.62	2.32	1.91	1.61	1.29	0.87	0.67	0.57	0.54	0.51	1.84
0.48	4.86	3.79	3.47	3.22	3.04	2.71	2.39	1.96	1.63	1.30	0.86	0.66	0.56	0.53	0.51	1.92
0.50	5.10	3.96	3.61	3.35	3.15	2.80	2.45	2.00	1.65	1.31	0.84	0.64	0.55	0.53	0.50	2.00
0.52	5.36	4.12	3.76	3.48	3.27	2.90	2.52	2.04	1.67	1.31	0.83	0.63	0.55	0.52	0.50	2.08
0.54	5.62	4.30	3.91	3.61	3.38	2.99	2.59	2.08	1.69	1.31	0.82	0.62	0.54	0.52	0.50	2.16
0.55	5.76	4.39	3.99	3.68	3.44	3.03	2.63	2.10	1.70	1.31	0.82	0.62	0.54	0.52	0.50	2.20
0.56	5.90	4.48	4.06	3.75	3.50	3.09	2.66	2.12	1.71	1.31	0.81	0.61	0.53	0.51	0.50	2.24
0.58	6.18	4.67	4.22	3.89	3.62	3.19	2.74	2.16	1.74	1.32	0.80	0.60	0.53	0.51	0.50	2.32
0.60	6.45	4.85	4.38	4.03	3.75	3.29	2.81	2.21	1.76	1.32	0.79	0.59	0.52	0.51	0.50	2.40
0.65	7.18	5.34	4.78	4.38	4.07	3.53	2.99	2.31	1.80	1.32	0.76	0.57	0.51	0.50	0.50	2.60
0.70	7.95	5.84	5.21	4.75	4.39	3.78	3.18	2.41	1.85	1.32	0.73	0.55	0.51	0.50	0.50	2.80
0.75	8.76	6.36	5.65	5.13	4.72	4.03	3.36	2.50	1.88	1.32	0.71	0.54	0.51	0.50	0.50	3.00
0.80	9.62	6.90	6.11	5.53	5.06	4.30	3.55	2.60	1.91	1.30	0.68	0.53	0.50	0.50	0.50	3.20

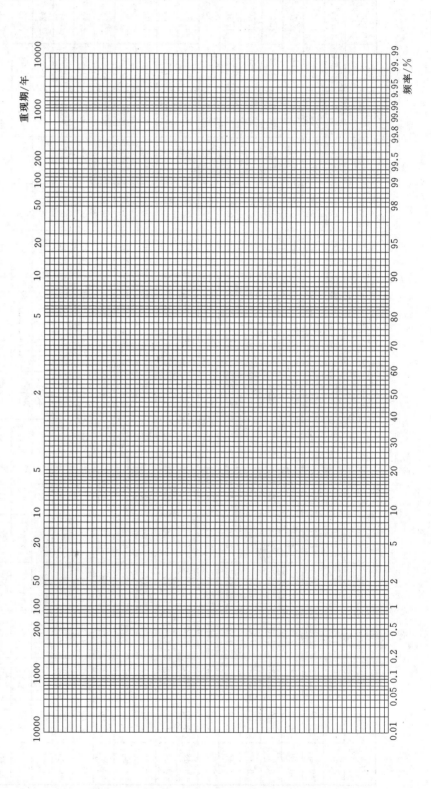

附录 3　海森机率格纸

参 考 文 献

［1］ 崔振才，杜守建，张维圈，等. 工程水文及水资源 ［M］. 北京：中国水利水电出版社，2008.

［2］ 张朝辉，拜存有. 工程水文水力学 ［M］. 杨凌：西北农林科技大学出版社，2004.

［3］ 黎国胜，王颖. 工程水文与水利计算 ［M］. 郑州：黄河水利出版社，2009.

［4］ 高建峰. 工程水文与水资源评价管理 ［M］. 北京：北京大学出版社，2006.

［5］ 管华. 水文学 ［M］. 2 版. 北京：科学出版社，2019.

［6］ 谢悦波. 水信息技术 ［M］. 北京：中国水利水电出版社，2009.

［7］ 侯晓虹，张聪璐. 水资源利用与水环境保护工程 ［M］. 北京：中国建材工业出版社，2015.

［8］ 徐晋涛. 水资源与水权问题经济分析 ［M］. 北京：中国社会科学出版社，2019.

［9］ 陈家琦，王浩，杨小柳. 水资源学 ［M］. 北京：科学出版社，2019.

［10］ 唐德善，唐彦，闻昕. 水资源管理与保护 ［M］. 北京：中国水利水电出版社，2016.

［11］ 张春玲，阮本清，杨小柳. 资源恢复的补偿理论与机制 ［M］. 郑州：黄河水利出版社，2006.

［12］ 左其亭，窦明，马军霞. 水资源学教程 ［M］. 2 版. 北京：中国水利水电出版社，2016.

［13］ 梅亚东，高仕春，付湘. 水资源规划及管理 ［M］. 北京：中国水利水电出版社，2017.

参 考 文 献